U0037191

首次揭開現代糧食危機的神秘面紗，告訴你現代糧食危機背後不為人知的真相。

新糧食戰爭

編著

目錄

第二章 山雨欲來——各國紛紛出招救市

第三章
糧食衝擊波——世界糧食危機的背後

第四章
中國應對——糧價不漲也不能高枕無憂

第五章 危機當前，我們還應思考些什麼

前言

糧食是人類的生存之本，縱觀古今中外，每當戰火燃起，糧食在其中都起到至關重要的作用。因此，也才有了「兵馬未動糧草先行」的千古名訓。

自從美國次貸危機爆發以後，愈演愈烈的糧食危機又一次籠罩著全球。據統計，全球米價自二〇〇八年以來短短不到半年間，平均飆漲了近三倍，在印度，每公噸達到一千美元，全球基準的泰國中質大米的指示性報價達到每噸九百五十美元至一千美元區間，而在今年三月之前，這個價格僅為三百三十美元左右。而小麥在過去一年來上漲了兩倍，在二〇〇八年二月間，居然一日間飆漲了百分之二十五。

糧食價格的漲幅速度令人瞠目結舌，糧食短缺現象在全球也越來越嚴重。從供需關係上來看，糧價飆漲似乎是供需失衡下的現象。全球糧食的生產供應遠低於當前全球民眾的生存需求，以致於糧食價格節節上漲。在這種殘酷的市場規律主導下，越是貧困地區的民眾就越容易首當其衝地被飆漲的市場價格排除在外，無力購買糧食而面臨生存危機。

這種現象已自二〇〇七年開始在全球的貧困國家中不斷出現。在貧困的加勒比海沿岸國家、非洲與東南亞、南亞等人民，都已走向街頭為糧食而抗爭。到了今年，糧食抗爭越演越烈，已上升成為血腥的流血衝突。今年在非洲接連發生多次糧食暴動，許多民眾因而喪生。巴基斯坦、摩洛哥、墨西哥、塞內加爾、烏茲別克、葉門、菲律賓等國家，都已出現過大量的抗議潮或搶糧風波，窮人正在為生存權做最後的拼搏。如果糧食危機得不到有效的解決，這種局面將可能一發不可收拾。

據聯合國糧食與農業組織估計，如果這一波糧荒得不到解決，則全球至少有一億貧困民眾陷入生存危機。為了緩解全球的糧食危機，二〇〇八年六月三日至六日，聯合國糧食與農業組織召開了全球高峰糧食會議。在這次會議上，雖然世界銀行宣布將立即撥款十二億美元來擴大窮國的穀物生產，亞洲發展銀行將提供五億美元緊急借款計畫，美國布希總統宣布提供三．六億美元緊急糧食援助給糧荒國家，但這些其實都是治標之術，遠遠沒有解決糧荒的根本問題。

糧食危機對富國或跨國企業公司而言，也許是糧食資源壟斷的大好時機。對窮人而言，卻是生死攸關的危機關頭。根據聯合國的統計，全球瀕臨饑餓死亡、營養不良和食物來源不穩定的人口約三十億人，約佔地球人口的一半。

與這些貧困饑餓的人口相對立的，是受惠於全球市場機制的十億人，他們大都分布於北美、歐洲、日本以及少數富裕的發展中國家。要維持目前這些富裕國家或群體的生活方式，勢必要把危機轉嫁出去。美國總統布希就信誓旦旦宣稱：「美國人的生活是不可妥協的。」

不僅是美國堅持他們的消費習慣，不肯妥協，其他富國也都不肯妥協。最明顯的案例是：嚴重干擾窮國農業發展的WTO多哈回合談判，過去幾年來由於遭到國際另類全球化運動眾多民間組織的圍堵、抗爭，也遭到南方發展中國家的聯合杯葛，幾乎已經完全停擺。然而，根據《衛報》二〇〇八年七月二日的報導，WTO秘書長巴斯卡．拉密（Pascal Lamy）預定在今年八月召集WTO會員國中三十五個主要發達國家成員的經貿部長，商討如何重新啟動多哈回合談判，為富國農產品補貼政策解套。許多反對WTO市場至上邏輯的國際民間組織據此提出警告：這種由富國集團和跨國農企業主導的農業談判，只會進一步造成糧食價格上漲，加速糧食危機，讓發展中國家更加失去自給自足的能力，進而更加深對商貿大國的依賴。事實果不其然，這次多哈回合談判以美國在農業補貼上不肯讓步而徹底破裂。

這波糧食危機與石油危機同時爆發，對於窮國老百姓而言，可謂雪上加霜。因為，過往綠色革命所帶動的農業增產，是依賴大量使用化肥和機械，而機械需要大量的燃料，石油危機無疑加重了農民的生產成本。

那麼，現在的中國糧食安全嗎？在二〇〇八年的全球糧食危機中，中國的糧食價格沒有出現大的波動，這完全得益於國家有很好的糧食保障體系！中國的糧食儲備分為國家儲備、地方儲備和老百姓的民間儲備。從二〇〇五年開始，為了解決農民賣糧難的問題，國家提出了最低收購價的政策。政策要求，當市場糧價低於國家確定的最低收購價時，要求國有的、地方的糧食企業和一些規模較大的私營企業，按照最低收購價敞開收購。中國二〇〇七～二〇〇八年度預測大米產量為一・二九五億噸，而同期消費預測為一・二七億噸，幾乎是一比一的關係，供需基本平衡還略有結餘，也就是說可以自給自足。但我們必須看到，由於國際油價的飆升，已經涉及到了農業原料產業。鉀肥，漲了一倍多，從去年的一千九百元／噸漲到了現在的四千元／噸；尿素漲了百分之八十多，從去年四月的一千五百多元／噸漲到了兩千八百元／噸；磷肥漲了將近百分之四十，複合肥也從去年的兩千八百元／噸漲到了四千元／噸。這樣的苗頭已經引起了中央的高度重視。三月二十七日國務院召開全國農業和糧食工作電視電話會議，決定在二月八日已經調高了小麥和稻穀最低收購價水準的基礎上，再次提高最低收購價水準，最低收購價水平調高百分之四～百分之十，並提出糧食綜合直接補貼畝均提高百分之一百三十五，小麥、玉米、稻穀良種補貼範圍擴大致八．八億畝等十項加強農業與糧食生產的措施。

儘管如此，有專家還是認為，中國的糧食在此一輪危機中，也許能安然度過，但在下一輪的「糧食戰爭」中，中國沒有任何理由樂觀，中國、印度等國的小農和獨立的食物體系，可能會受到嚴重的打擊。因為中國已經在農產品自由貿易的框架下，綁上了與美國比拼財力，以維持獨立糧食生產體系的戰車。中國的糧食安全，在中長期就變得不容樂觀。事實果真如此嗎？如果真是這樣，國家又會採取什麼應對之策？而作為普通百姓的我們，在糧食危機到來之前，又應該做些什麼呢？本書就將此類諸多問題，幫你進行詳細分析和解讀。並在此警醒大家：在糧食戰爭面前，誰都不是旁觀者！

《第一章》

糧食危機——一場席捲全球的寂靜「海嘯」

一、二十二個國家出現糧食危機

俗話說「民以食為天」，糧食是維繫人類生存的最低需求，然而，從二〇〇七年開始，全球糧食儲量降到近二十年的最低點，小麥、糙米、大豆和玉米期貨都處於多年來最高點。海地因食品價格飆升引發騷亂，至二〇〇八年四月七日已有五人在騷亂中死亡。全球飆升的食品價格，導致布吉納法索、喀麥隆、埃及、印尼、象牙海岸、茅利塔尼亞、莫三比克和塞內加爾都先後發生騷亂或暴亂。因此，糧食問題已經成為全球性的問題，它向人類發出了警告。

二〇〇八年四月二十二日，聯合國世界糧食署執行幹事希蘭在英國舉行的「糧食峰會」上指出，全球正在遭遇第二次世界大戰以來首次大範圍糧食危機。希蘭將這場危機稱為「寂靜的海嘯」，她表示目前我們正在經歷著世界上最具有破壞性的自然災害之一。

國際貨幣基金組織（IMF）總裁卡恩表示，世界的食品價格上漲如同金融市場危機一樣，已經成為世界經濟發展的一個重要問題。這是國際社會首次將糧食危機與金融危機並列在同一個位置。

關於糧食是一種戰略物資還是獲利商品的討論，在世界各國進行。隨著國際糧價一年內超過百分之五十的增長率，糧食安全的幽靈在闊別數年之後，又重新回到世界的上空，威脅著人類的生存。

糧食危機的爆發，致使全球性的糧食價格飆升。據日本放送協會統計，二〇〇八年，糧食的名義價格已經上升到近半個世紀來的最高點，尤其是大米和玉米等糧食價格在全球急劇上漲。全球第一大糧食出口國泰國，稻米供應銳減，價格暴漲。作為全球基準的泰國大米報價達到每噸七百六十美元，比以前每噸五百八十美元的報價提高了百分之三十左右，達到歷史高點。

聯合國食物和農業組織（FAO）在發表的《糧食展望》報告中指出，由於全球大多數基本糧食價格創歷史新高，目前已經使得印度和巴基斯坦糧食價格上升百分之十三，拉丁美洲國家、俄羅斯和印度的糧食價格上升超過百分之十。國際市場小麥價格比去年增長了一倍，玉米價格漲幅接近百分之五十，大米價格漲幅也達到百分之二十。報告警告說，目前全球糧食儲存量已創二十五年新低，估計未來幾年內糧食價格仍將持續走高。

在二〇〇八年四月二十四日晚間的電子交易中，芝加哥期貨交易所（CBOT）糙米期貨成交最活躍的七月合約創下二十五．〇七美元／英擔（約合四百九十三．五美元／噸）的歷史新高。當日，美國第二大倉儲式會員制銷售商山姆會員店規定，每名顧客每次最多只能選購四袋大米。並且一直否認供貨不足的大型連鎖超市，也開始採取各種限量銷售措施。

瑞士 Mother Earth 投資公司 CEO 羅蘭．簡森說：「未來兩年內，米價仍將大幅上漲。」Mother Earth 公司所管理的約一億美元基金中，有百分之四用於穀物交易。

面對日益上漲的糧價，印度這個多年來一直保持糧食自給，被聯合國糧農組織評為解決糧食自給問題的「模範生」，也在二〇〇七年從澳大利亞進口三百萬噸小麥，並在二〇〇八年初即宣布，將繼續進口小麥，以提高緩衝庫存、平抑國內糧價。全球第二大出口國越南也實行類似限制規定。

糧食危機向世界各國拉響了紅色的警笛，引起各個國家的重視，紛紛採取措施來緩解本國的危機。稻米生產國採取的出口限制措施正在不斷抬高米價：二〇〇八年三月，全球第二大大米出口國越南總理阮晉勇宣布，今年越南的大米出口量將減少百分之十一至四百萬噸；越南糧食協會稱，已要求其成員在六月之前停止簽署大米出口合約。

哈薩克斯坦從三月初開始實行對糧食出口的限制措施；

俄羅斯將糧食出口高稅率實施期限延長；

作為糧食出口大國的中國也相應地採取了措施，對出口大米徵收百分之五的暫定關稅；埃及則禁止在二〇〇八年十月前出口大米。

糧荒蔓延，中國、埃及、越南和印度，這四個大米出口量共佔全球三分之一的國家，開始收緊大米出口。在全球最大的大米進口國菲律賓，正採取行動打擊囤積大米；世界銀行發出警告說「由於糧食和能源價格飆漲，墨西哥等三十多個國家可能面臨『社會動盪』。」

糧食危機的爆發，使一些主要依靠糧食進口的國家糧食短缺現象加重，其中包括厄立垂亞、尼日共和國以及柬埔寨等二十二個發展中國家。委內瑞拉首都加拉加斯的商店貨物架上空空如也；西孟加拉和墨西哥發生由缺糧引起的暴動；牙買加、尼泊爾、菲律賓和撒哈拉以南多個非洲國家發出饑荒警告；受惡劣天氣影響，歐洲主要糧食生產國今年糧食大幅減產，多種主要食品價格創新高。

今年以來，糧食價格上漲的問題不同程度地影響世界多個國家和地區。標準普爾和荷蘭國際糧食集團在報告中說：「糧食短缺的情況很嚴重，目前的穀物庫存水準已經跌到了二十四年來的最低點。」

糧食危機給人類造成極大的影響，除一直處於慢性營養不良狀態的八億人口外，在發展中國家的貧困人口中，又有數百萬人無法攝取足夠的食物，有的地方甚至發生暴動。

而糧食出口國家限制出口的措施如同雪上加霜，使主要依靠糧食進口的國家面臨著生存問題，當溫飽問題得不到解決時，一些國家難免會發生暴動。

二○○八年四月七日，法新社發出了這樣的消息：

法新社四月七日消息，食品和燃料價格高漲使非洲接連發生多起暴動。

喀麥隆今年二月因物價高漲發生暴動，有四十人在暴動中死亡。象牙海岸和茅利塔尼亞也因同樣的原因發生暴動，並造成人員傷亡。在塞內加爾和布吉納法索也出現抗議物價上漲的示威活動。埃及四月六日暴發抗議高通膨和低工資的罷工活動，在埃及北部的Mahalla城，紡織工人與防暴員警發生衝突，有一百五十多人被捕。

上周，非洲國家經濟部長在埃塞俄比亞的亞的斯．亞貝巴（Addis Ababa）舉行會晤，與會代表發表共同聲明稱，國際食品價格高漲已經成為非洲各國發展、和平和安全保障的嚴重威脅。聯合國國際農業發展基金會（IFAD）副總裁Kanayo Nwanza稱，非洲各國的社會不穩定正在加劇，暴動有可能擴展到周邊其他國家。

近日，塞拉里昂大米價格上漲百分之三百，象牙海岸、塞內加爾、喀麥隆的大米價格也上漲近百分之五十，非洲國家大量進口的棕櫚油、糖，麵粉等價格也出現暴漲，此外，國際原油價格保持在一百美元每桶的高位，也給非洲的經濟造成了負面影響。

除非洲一些國家發生暴動或騷亂外，海地、埃及、摩洛哥、葉門、沙烏地阿拉伯、約旦、布吉納法索、喀麥隆、印尼、象牙海岸、茅利塔尼亞、莫三比克、塞內加爾等國也發生不同程度的暴動。

為了防止因糧食危機引發內亂，各國政府在糧食問題上對國民紛紛採取優惠政策。例如：泰國內閣二〇〇八年四月一日批准商業部的提議，決定以成本價向民眾出售大米，以控制近來國內米價不斷攀升的勢頭；古巴在二〇〇八年三月解除了禁止農民購買農用物資的規定，鼓勵人民增加糧食產量。並開放銷售農具、除草劑、靴子等產品。

為了使這些國家走出糧食危機的困境，聯合國糧農組織在發表的報告中呼籲，國際社會應該對因糧價上漲受到嚴重影響的發展中國家提供援助，並振興農業生產。聯合國秘書長潘基文則緊急呼籲各國採取緊急措施應對糧價的上漲。

為了應對糧價上漲，繼泰國政府作出了暫停大米出口的決定之後，馬來西亞政府二十八日宣布，採取一切措施鼓勵擴大國內的糧食種植與生產，同時採取保護性措施以滿足低收入階層的糧食需要。

菲律賓政府則給低收入家庭發放「大米卡」，確保以現行市場價低一半的價格將糧食供應給低收入者或貧窮階層。與此同時，越南政府則發出警告，如果商人趁機哄抬糧價，將面臨「嚴厲的處罰」。越南政府聲稱，它擁有足夠的能力來維持本國市場的大米供應。

除了亞洲一些國家採取應對措施外，聯合國對於即將大面積爆發的糧食危機也很重視。二〇〇八年四月二十九日，聯合國在瑞士首都伯爾尼召開一次重要會議，討論全球糧食危機日益擴大的趨勢及聯合國應該採取的應對措施。這次會議是聯合國應對糧價升高危機所採取的重要步驟之一。

此次會議主要呼籲確保各國貧窮階層糧食的正常供應，聯合國秘書長潘基文說，糧價危機還將影響到各國的經濟成長、社會進步以及政治穩定。如果不加以控制，這一危機將在未來幾個月內會不斷加劇。

二、高糧價下哭泣的非洲

當糧食危機的「龍捲風」降臨時，受影響最嚴重的莫過於非洲了。目前，糧食恐慌正在折磨著非洲，應對糧食危機迫在眉睫。

國際市場上的糧食產品價格在進入二〇〇八年之後快速拉升，主要糧食品種稻米價格創十九年來新高，其中大豆價格達到三十四年最高，玉米價格達到十一年來最高，小麥價格創二十八年來歷史新高，整個農作物產品的價格漲幅達到三十年來最高點。受此影響，非洲市場上的糧食價格也進入加速上升的局面。據非洲開發銀行統計，截至二〇〇八年四月，世界最不發達國家之一塞拉里昂的大米價格已狂漲了百分之三百，象牙海岸、塞內加爾、喀麥隆等國的米價也上漲了一倍，索馬里的高粱和大米價格在過去一個月就翻了一番，非洲大量進口的食用油、麵粉及糖等的價格也都在一路狂飆。

糧食價格的急劇上升，使非洲人民的生活處於水深火熱之中。糧食自給率一路走低的非洲無疑承受著糧價上漲的巨大煎熬。二十年前，世界銀行專門成立非洲糧食保障工作組，提出要在二十世紀末實現非洲糧食自給的目標，然而到目前，非洲許多國家糧食自給率卻降到百分之五十以下。除了玉米基本能滿足地區需求以外，非洲百分之四十五的小麥和百分之八十的水稻都依賴進口。非洲國家由此支出的進口成本以及民眾所增加的消費成本可見一斑。

資料顯示，非洲五十多個國家中，有四十多個國家糧食不足，特別是撒哈拉沙漠以南有近三十個國家人均食品供應量低於最低需要量，其中馬拉威、辛巴威、莫三比克等國至少有一千兩百萬人嚴重缺糧。

糧食價格已經成為影響非洲經濟和政治的敏感問題。雖然糧食價格上漲已經成為全球所有國家的一個普遍現象，且糧價對各國經濟都產生了不同程度的影響。但是，與其他國家和地區相比，非洲地區糧食危機存在惡化趨勢。一方面，由於全球變暖造成厄爾尼諾現象不斷加強導致非洲糧食供應受到威脅。在非洲，厄爾尼諾現象大約每四年～七年出現一次，其對當地最主要的糧食作物——玉米產量影響最大。統計表明，在多個非洲國家，發生厄爾尼諾的年份，玉米產量均會出現下降，而在南部非洲，厄爾尼諾發生的年份，農作物的產量甚至下降百分之二十～百分之五十。另一方面，土地的日益貧瘠化構成對非洲糧食生產的又一嚴重威脅，具體表現是土質成分——氮磷鉀大量流失。據兩位美國科學家公布的調查結果，最近三年，撒哈拉以南地區百分之八十五的可耕地平均每年損失養分三十公斤／公頃，還有百分之四十的土地失養程度超過六十公斤／公頃，相當於每年損失四十億美元。

糧農組織公布的資料顯示，非洲百分之四十的灌溉耕地位於北非，而撒哈拉以南非洲廣大地區耕地灌溉總面積僅有九百萬公頃，僅佔全部耕地面積的百分之五。這一比例在全球各大洲中排名墊底。缺乏灌溉的結果就是糧食產量難以增加。糧農組織指出，自二十世紀六〇年代以來，撒哈拉以南非洲的糧食種植面積增加了一倍，但糧食單產卻幾乎沒有變化。

同時，目前非洲人口的爆炸式增長更加惡化了非洲的糧食危機，使本已脆弱的糧食供給神經變得更加緊張。資料表明，最近幾年非洲人口以每年近千分之三十的速度增長，到二〇〇八年末將突破九億人。而據國際有關人口學者推斷，到二〇一六年，非洲人口將達到十三．五億人。在糧食供給狀況沒有改善的前提下，人口的迅速增加勢必使非洲已經嚴重的饑荒雪上加霜。

疾病尤其是愛滋病的蔓延極大地削弱了非洲國家農業的再生產能力。據聯合國的最新估計，到二〇一〇年，南部非洲國家將有六百萬農業勞動力因愛滋病而亡，這種結果既導致當地土地無人耕種而荒蕪，又會造成農產品種類的單一化，因為農民生病和死亡直接影響咖啡和香蕉等需要高人力投入的重要經濟作物的種植，轉而更多地種植甘薯、玉米等需要人力投入少的抗旱作物，這就改變了以往出口優勢經濟作物換取糧食的貿易模式，以至於不少非洲國家購買糧食的能力每況愈下。

實際上，非洲的糧食危機除了「天災」之外，還有「人禍」的因素。一方面，過去幾年一些非洲國家片面追求發展工業和貿易，對農業生產投入和支持嚴重不足，致使糧食產量不斷下滑。另一方面，雖然非洲大陸政治局勢整體上趨向緩和，但部分國家政局依然動盪，軍事衝突時有發生，農業生產遭到破壞，造成當地居民流離失所，加劇了糧荒。

此外，市場流通不暢也影響著非洲的糧食生產。糧農組織在一份報告中說，非洲各地區、各國、甚至國內各地之間在糧食流通方面都存在不同程度的障礙，造成整個大陸的糧食市場支離破碎，無法形成足夠的規模以吸引私營企業在糧食生產和銷售等領域進行投資。因此，一些非洲國家只能大量從非洲以外地區進口糧食以滿足國內需求。

非洲日益突出的糧食危機不僅引起非洲國家自身的擔憂，也引起國際社會的廣泛關注，一場圍繞反糧荒、反貧困的援非行動在非洲和全球展開。

擔任維護非洲經濟穩定重要職責的非洲開發銀行日前聲明，將提供十億美元援助貸款，以幫助非洲國家應對糧價上漲危機，如果加上前不久提供的三十八億美元援助貸款，用於非洲農業的援助貸款總額增加到了四十八億美元。無獨有偶，世界銀行宣布，計畫在二〇〇九財政年度將其對非洲的農業援助貸款從四億美元增加到八億美元。

國際慈善組織也成了化解非洲糧食危機的一支勁旅。日前，紅十字會和紅新月會明確表態，將啟動一項為期五年的糧食安全計畫，幫助十五個非洲國家的大約五十萬個貧困家庭解決糧食問題，同時籌集四千三百五十萬美元向兩百二十五萬非洲貧民提供援助，包括幫助他們從事可持續農業生產、提供小額貸款、建設小型灌溉項目和建立以社區為基礎的糧食安全監督系統等。另外，國際援助合作署正為索馬里超過六十萬人提供糧食援助，今年六月後，接受這一援助的人數還將增加二十萬。

與此同時，非洲國家開展糧食自救的行動也在艱難地進行著。目前，首屆印度——非洲論壇首腦會議通過的《德里宣言》宣布，印度將和非洲共同致力於重點解決糧食安全問題。埃及與鄰國蘇丹達成一致意見，雙方將聯合出資兩億多美元在邊境合作開發兩百萬公頃的土地，用以種植小麥。

非洲國家為緩解糧食危機壓力的政策修正和調整也在有序進行。埃及政府已經決定今年將政府工作人員和領取養老金的退休人員的補助金提高百分之三十，這是有史以來該國為緩解糧價等生活費用上漲而發放補助金力度最大的一次。同時，埃及每年花費三十一億美元作為食品的補貼發放給大部分民眾，目前，埃及能夠享受到政府食品補貼的國民數量已經佔到了全國人口的三分之二。另外，塞內加爾、象牙海岸以及蘇丹政府都不同程度地提高對糧食的補貼。

然而，短期的救助和政策緩衝並不能從根本上解決非洲的糧食危機，加速非洲經濟增長步伐和快速發展農業生產力才是關鍵。目前，非洲幾個主要的地區性經濟一體化組織——東南非共同市場、東非共同體和南部非洲發展共同體等，正在討論加快地區經濟融合、組建覆蓋全非洲的自由貿易區問題，但進展緩慢。糧農組織認為，有必要在這一進程之外啟動一項特別議程，允許包括糧食在內的少數戰略商品率先在全非洲實現自由貿易，以緩解該大陸所面臨的糧食危機。

總部設在貝寧首都科托努的非洲大米中心日前發表研究報告說，非洲國家應充分發揮其農業潛力，以應對由糧價飆升引發的糧食危機。

報告指出，相對於亞洲一些國家和地區由於快速城市化等原因水稻種植面積不斷下降，非洲地區水稻種植面積還有很大的提升空間。報告估計，撒哈拉沙漠以南非洲地區擁有大約一．三億公頃適宜耕種的土地，但目前實際用於耕種的土地僅為三百九十萬公頃。

非洲大米中心負責人帕帕．阿卜杜拉耶．塞克說，非洲國家不能嚴重依賴從國外進口大米，因為在糧價飆升的背景下，這將會帶來「災難」。他呼籲非洲國家建立起有競爭力和可持續發展的農業，以應對糧食危機。

他還警告說，非洲國家領導人必須採取有力行動支持農業發展，否則糧食危機有可能使一些非洲國家過去幾年取得的經濟發展成果出現倒退。

聯合國三大農業機構——聯合國糧農組織、國際農業發展基金、世界糧食計畫署六月四日在羅馬與「非洲綠色革命聯盟」簽署諒解備忘錄，以共同幫助非洲地區國家提高糧食生產，應對目前面臨的糧食危機。

糧農組織指出，這是聯合國三大農業機構在幫助非洲國家發展農業方面採取的重要行動，主要是通過幫助這些國家的農民提高生產自救能力，應對非洲國家面臨的饑荒和糧食危機問題。糧農組織指出，目前非洲地區國家農業發展面臨的主要挑戰是，市場不健全，缺少投資和農村地區的基礎設施不足。

「非洲綠色革命聯盟」主席、前聯合國秘書長安南四日表示，諒解備忘錄的簽署是「非洲綠色革命聯盟」發展戰略的重要舉措，目的是加強公共和私營部門以及各社會團體的力量和資源，努力打造出非洲的主要「產糧區」，擺脫貧困和饑餓狀況。

糧農組織總幹事迪烏夫表示，糧農組織將積極參與這次非洲農村發展的重要倡議行動，通過提供技術和發展新的農業投資來提高糧食產量。

糧農組織提供的報告顯示，非洲地區在過去三十年內人均糧食產量下降明顯，非洲國家的農業生產率僅相當於全球平均數的三分之一。現今，在非洲地區約有兩億多人長期忍受饑餓，三千三百萬五歲以下的兒童營養不良。在糧食危機的高壓下，非洲人民正在苦苦地掙扎。

三、朝鮮饑荒六百五十萬人受災

二〇〇六年十月九日，聯合國糧農組織發布二〇〇六年世界「農業收成預計和糧食現狀」報告顯示，由於天災人禍的影響，全球面臨巨大的糧食危機，有四十個國家急需國際糧食援助。在亞洲，朝鮮的糧食安全問題日益突出。

而在二〇〇七年，朝鮮又遭遇水災的襲擊，糧食安全問題再次加重，糧食缺口達到一百四十萬噸。據韓聯社二〇〇七年八月十六日報導，在水災的影響下，朝鮮境內百分之十一的農田被淹沒，糧食損失大約為四十五萬噸，受災民眾約為三十萬人左右。

為了幫助受災民眾度過難關，聯合國糧食計畫署亞洲地區發言人瑞斯利說：「受此次特大洪災影響，朝鮮災民人數可能達到三十萬。今後受災規模可能會更嚴重。我們目前考慮先將保存在朝鮮國內的營養餅乾和大豆等緊急救援食品提供給災民，並就此同朝鮮政府正在進行緊密的協調。」瑞斯利表示，如果朝鮮的受災規模再擴大，國際社會應從長考慮向朝鮮提供人道主義援助。

除了糧食遭受損失外，這次水災也使朝鮮財產損失、農作物損失以及農田和農業設施重建費用達到二·七五億美元（約合人民幣二十·六二五億），佔其國內生產總值（GDP）的百分之一。針對朝鮮的受災狀況，二〇〇七年十月十八日，韓國農村經濟研究院首席研究委員權泰鎮表示，朝鮮的糧庫已捉襟見肘，如果不採取穩定的糧食供應措施，二〇〇八年朝鮮有可能出現如同一九九〇年中後期一樣的「苦難行軍」困境。

世界糧食計畫署在二〇〇八年四月十六日表示，二〇〇七年的洪水災難導致朝鮮的糧食產量大幅減少，加劇了該國糧食匱乏的狀況，目前平壤的糧價平均翻了一倍，六百五十多萬人的食糧得不到保障，急需國際社會援助。

據聯合國網站報導，朝鮮長期處於糧食短缺狀態，而二〇〇七年八月的洪災更加重了這一問題。在二〇〇七年，朝鮮的糧食產量僅為三百萬噸，比二〇〇六年低了百分之二十五，是自二〇〇一年朝鮮遭遇嚴重旱災以來收成最差的一年。

聯合國糧農組織預測，二〇〇八年朝鮮糧食短缺缺口約為一百六十六萬噸，比二〇〇七年翻了近一倍，是自二〇〇一年以來糧食缺口最大的一年。

糧食的進一步短缺使朝鮮平壤的糧價飛速上漲，大米的價格漲至每公斤兩千朝鮮元，而二〇〇七年四月為七百至九百朝鮮元，漲幅高達二．五倍，為朝鮮人均工資的三分之一，從而創下二〇〇四年以來的最高紀錄。

聯合國糧食計畫署發出警告，稱朝鮮距離爆發人道危機只有三個月時間。糧食署表示，將盡力幫助朝鮮的缺糧人口，但解決這一問題也需要朝鮮政府的配合以及國際社會的支持。

受糧食署警告的影響，朝鮮政府此次反應不同於二〇〇五年，在二〇〇五年，同樣收到糧荒警告的朝鮮毅然拒絕聯合國增加援助，但此次朝鮮反應出人意料，主動向聯合國求援。顯然，朝鮮此次深知事態的嚴重性。

糧食署亞洲司司長班伯里發表聲明說：「朝鮮糧食危機異常嚴峻，而且日益惡化……現在必須尋求國際糧援，才可阻止這場災難。」

「當地政府已公開向我們尋求援助，這種情況此前從未發生。」糧食計畫署駐朝鮮辦事處負責人皮雷．馬吉利說：「有朝鮮官員稱，由於庫存不足，他們不得不在一些地區停發配給糧。」據悉，糧食危機爆發後，聯合國每年向朝鮮一百萬人提供糧食援助，朝鮮一直拒絕聯合國擴大援助範圍。

皮雷．馬吉利稱，雖然尚未收到朝鮮餓死人的消息，但惡劣的交通狀況和高漲的燃料費讓朝鮮很難向東北貧窮地運送糧食，從而致使當地的人道危機隱患加深。

據悉，朝鮮長期向鄰國進口糧食，韓國以前每年向朝鮮提供五十萬噸糧食，但在李明博當選韓國總統後，由於核化問題，兩國關係陷入緊張期。韓國總統由此而簽署命令，把對朝鮮的糧援與朝鮮去核化掛鉤，並停止對朝鮮的化肥援助，韓國的作法引起了國際社會的譴責。

迫於壓力，李明博後來改變態度，向國際社會表示，如果朝鮮提出請求，韓國將一如既往的提供糧食援助。但截至二〇〇八年四月，朝鮮一直未向韓國提出進口糧食的請求。

二〇〇八年六月，美國向朝鮮伸出援手，承諾向朝提供五十萬噸糧食，並在二十九日首批三．七萬噸糧食運抵朝鮮。這是美方允諾提供給朝方的五十萬噸糧食中的首批，並將由聯合國機構負責發放。聯合國相關機構先對朝鮮進行糧食需求評估，然後以此作為發放糧食的依據。

據媒體報導，美國的此次援助是繼朝鮮遞交核申報清單和炸毀寧邊核設施的冷卻塔之後，美國作出的又一積極回應。美方已取消一些對朝制裁措施，並決定將其從支持恐怖主義國家的「黑名單」中刪除。

世界糧食計畫署稱，美國允諾的總計五十萬噸的糧食可以幫助朝鮮解決國內超過五百萬人的吃飯問題，過去朝鮮從國際社會得到的糧食援助僅可供一百五十萬人消費。

朝鮮每年都存在糧食短缺問題，世界糧食計畫署駐朝鮮主任讓．皮埃爾在一份聲明中說：「朝鮮目前面臨的挑戰是以實際行動兌現承諾，盡快為最饑餓的人們發放糧食。」

朝鮮的糧食危機引起世界糧食計畫署的高度重視，從而進一步加大援助力度。六月三十日，世界糧食計畫署宣布，已同朝鮮政府就擴大在朝援助簽署協定，協定將使接受糧食署援助的人數由目前的一百二十萬增加到五百萬以上。

據聯合國網站報導，糧食署表示，按照本次簽署的協議，糧食署能夠向朝鮮增派五十多名國際救援人員，負責監督和協調糧食發放工作；而且，糧食署將把受援地區的數目由目前的五十個郡增加到一百二十八個，其中包括人道救援機構以前一直未能進入的地區。

糧食署表示，長期以來，糧食署一直致力於確保朝鮮所有需要援助的人口都能夠得到援助，本次協議是救援工作取得的一項重要突破。

並且，糧食署及聯合國糧農組織目前正在對朝鮮的糧食和營養狀況進行綜合評估，以便確定朝鮮的援助需求，預計評估結果將在七月中旬公布。糧食署此前的多次評估持續顯示待援助人口超過五百萬。

四、低糧價時代已經終結

糧食危機爆發前，大多數國家將發展重點放在工業和科技上，認為糧食是成本最低的基本消費，這種觀念促使人們不重視糧食業的生產。糧食危機爆發後，促使糧價突飛猛進，從而告別了低糧價時代。各國紛紛意識到，糧食問題正與次貸危機交織在一起，成為全球共同關注的焦點問題。

在現今糧食問題裏，穀物類產品取代大豆的領軍地位連續上揚，成為推動糧價上漲的新領袖。玉米、大米等穀物類產品價格的攀升甚至使得各國在國際貿易領域重新加重保護主義措施。

國際糧農組織發布的大米價格總指數顯示，自二〇〇八年一月以來，國際大米價格暴漲約百分之二十。例如，二〇〇八年三月，高品質泰國百分之百B級大米的報價為每噸五百四十六美元，比二月份增長了百分之十三，比二〇〇七年三月則提高了百分之六十八。中國今年一至二月的糧食進出口資料也表明，農產品貿易領域的格局正在發生變化。農業部資料顯示，二〇〇八年一至二月中國農產品雖然進出口雙增長，但是進口增幅遠大於出口增幅，農產品貿易由上年同期十一・五億美元的順差變為二十・六億美元的逆差；出口額為六十三億美元，同比增長百分之七・四；進口額為八十三・六億美元，同比增長百分之七十七・四。穀物方面，總體仍維持淨出口格局，但淨出口量快速下降。在稻穀產品的進出口貿易中，大米的進出口佔絕大部分，具體比重分別是出口佔百分之九十九・七，進口佔百分之九十七・五。

在新紀元期貨公司組織的二〇〇八農產品報告會上，專家提出，國際糧價已經成為新的焦點，泰國大米達到近二十年最高，世界小麥庫存量達到三十年的新低，玉米價格也創歷史新高，這些都意味著十年來糧食低廉的時代已經結束。根據聯合國紀錄估算，全球乾旱、美元貶值、投資轉移到初級產品，以及農田改種油料作物等因素共同導致這次糧食危機。但人口增長以及發展中國家的興起，使得糧食危機有可能持續很長時間。

二〇〇八年四月，在芝加哥期貨市場上，二〇〇九～二〇一〇年生產週期的糧食期貨價格與現貨價格相當，長期還有走強趨勢。這種現象表明，在經歷一年多的上漲之後，漲價的預期又蔓延到一年以後。

在漲價預期的控制下，糧食出口國出現了惜售現象。去年，阿根廷政府將大豆出口稅從百分之二十七．五提高到百分之三十五，小麥的出口稅從百分之二十提高到百分之二十八。印尼的棕櫚油出口關稅從百分之一左右提高到了百分之六．五。而糧食進口國則開始鼓勵進口。在遭遇二〇〇七年的洪澇災害之後，俄羅斯降低農產品進口關稅，並開始對部分進口實施補貼。

糧價一漲，世界上的低收入家庭首先感到恐慌。在墨西哥和印度，因無錢購買糧食的貧困饑民爆發騷亂，而在阿根廷和印尼，騷動針對的是出口稅率上升。總之，糧食漲價引發的騷亂成了許多國家的政府最頭疼的事。在巴基斯坦和埃及，政府對大餅的生產和銷售進行嚴格的監管，以防止商人就地漲價。

糧食漲價持續到何時才能終止是很多人都想知道的問題，關於此問題，國際糧食研究所進行了討論和分析，他們認為，供需缺口最大的玉米有望在二〇一〇年以後達到供需平衡。但是糧食價格不會因此下落，最好的可能是保持高位運行，但多數研究人員認為，十年之內，穀物價格至少還要在現在的水準上上漲百分之十，漲幅最高可能達到百分之二十。因此，有關專家作出這樣的預測：隨著原油價格突破每桶一百美元大關，低油價時代已經結束了。下一個結束的，也許就是低糧價時代。

很多人不約而同地發出這樣的疑問，是什麼原因促使糧價劇增呢？令人困惑的是，在糧食價格暴漲的二〇〇七年，全球農產品生產並沒有發生突發性下降，而是保持著平穩的增長趨勢。除了大豆面積受玉米面積擴大影響而出現下降外，二〇〇七年全球玉米、小麥和稻穀生產分別比二〇〇六年增長了百分之九．四、百分之二和百分之一．二。

全球糧食儲備量在二〇〇七年也沒有發生突發性的下降。全球糧食儲備量雖然在二〇〇〇～二〇〇四年逐漸下降，但二〇〇四年以來全球糧食儲備量下降幅度不大或基本穩定。

隨著亞洲居民收入增加，世界對糧食的需求量正在加大，但這是一個漸進的過程，不可能在短期內導致價格暴漲。那麼，前所未有的漲價是如何形成的呢？

在探索原因的過程中，多數人將糧食漲價與漲價不止的石油相聯繫。因為石油漲價正是引發七〇年代和九〇年代糧食漲價的主要原因。石油漲價使得機械化農業的生產和運輸成本驟升。同時，石油製品，比如化肥，也跟著漲價，會進一步推高農產品的價格。

從八〇年代中期到二〇〇四年，國際原油價格一直保持在每桶二十～四十美元的水準，二〇〇六年以來，原油價格突然快速上漲，達到目前每桶一百一十美元左右的水準。糟糕的是，這次石油漲價不同以往。它不僅僅是提高了農產品的成本，而像是推倒了多米諾骨牌，後續效應比油價本身帶來的問題更嚴重。

拉動油價上漲的一個因素是亞洲新興市場高速發展的經濟。九〇年代中期，全球經濟的年均增長速度不到百分之三，現在已經超過了百分之五。亞洲，尤其是中國和印度的貢獻最明顯。前者的年增長率連續多年超過百分之十，後者也維持在百分之十左右。新興市場的增長部門集中在加工製造業，每時每刻都需要石油。

亞洲的工業化進程是歷史性的。十八世紀以來，大多數亞洲國家從沒有像今天這樣，感到跨入現代國家行列的機遇如此觸手可及。這一進程的成敗關係到數十億人口的福利，因此，對石油的需求只會繼續增加。未來的亞洲，從事農業的人口將越來越少，石油越來越貴，糧食生產的成本越來越高——糧食價格也一樣。

石油價格飛漲對發達國家的經濟和生活方式構成威脅。美國和歐盟都在積極開發新興能源，以緩解油價的壓力，其中，生物能源被寄予厚望。將玉米或者甜菜轉變成乙醇或生物柴油的技術已經很成熟，生物能源行業生產規模日漸擴大。這緩解了能源方面的壓力，因此受到政府的鼓勵，但是卻與亞洲工業化的後果殊途同歸，造成糧食漲價。

生物能源技術最重要的效應是將能源市場和糧食市場緊密地聯繫在一起。石油不再只是通過加大生產和運輸成本帶動糧價。石油漲價將直接帶動生物能源漲價，由此加大市場對作為能源原料的玉米的需求，帶動玉米價格。由於種植玉米的利潤更高，越來越多的土地種了玉米，導致小麥和大豆種植面積縮小，價格也開始上漲。

這條傳遞漲價的鏈條如此清晰，使糧食專家認識到，只要世界對石油的需求居高不下，只要石油的價格一直上漲，世界糧價就將進入一條上升的快車道。能源是比糧食大得多的市場，前者的一點風吹草動都將在脆弱的糧食市場掀起軒然大波。

隨著全球化的深入，相隔遙遠的莊稼地和農民正全部被納入到一個全球範圍的糧食市場中去。美國艾奧瓦州的農場主規劃新一年的玉米種植面積的時候，他們的決定將影響巴西馬托格羅索州的大豆種植園主的心情，關係到亞馬遜熱帶雨林是否要面臨過度開發的命運。一個南澳大利亞農民收看天氣預報的時候得知，太平洋上氣候異常，澳大利亞有可能遭遇新的旱災。他來到自家的麥田裏，感到憂心忡忡。這種憂心會一直沿著和太平洋暖濕氣流相反的方向，登陸東南亞和非洲，在開羅和泰國的農民中心中激起漣漪，並且讓菲律賓的飯店老闆減少米飯的供應。後者也許並不知道澳大利亞的確切方位，但那裏的壞天氣卻和他們的家庭收入息息相關——這就是全球化。

但到目前為止，中國似乎還是一個例外。在國際糧食價格急劇上漲的時候，二〇〇七年底，中國開始控制以至禁止糧食出口，並且向市場投入大量國家儲備糧，平抑糧價的上漲勢頭。中國居民的「米袋子」一直保持著充足的供應，價格也相當平穩。

平抑糧價的措施已經使中國國內糧價在過去幾個月逐漸背離國際價格。到今年二月，國際市場上的小麥價格已經接近國內小麥價格的兩倍；國際米價也漸漸超過國內大米，到二月兩者差價達百分之二十以上；玉米也出現類似的變動趨勢。

中國對應糧食危機的措施使其面臨著這樣一個選擇：要麼越來越艱難地繼續隔離國內市場與國際市場，將漲價拒之門外；要麼，跟上漲價的潮流，另覓應對之策。

「二〇〇八年的糧食危機暴露了糧食供應鏈上的種種缺陷。任何新政的推行，都必須著眼於如何長久的根治農民的貧窮問題。」的確，誠如英國《經濟學人》社論所言：「農業問題的嚴峻性不容置疑。糧價普遍低廉的好日子已一去不返。如果政策適當，而且運氣不錯的話，全球可能會達到新的平衡。不可避免的是，轉型的過程總需要經歷陣痛，並耗費巨大。但是改變已迫在眉睫。各國政府應當尋找緩解轉型陣痛的方法，而不是迫使這個過程停止。」

五、全球糧食儲備只夠維持五十三天

近年來國際市場糧價大幅攀升，並在一些國家引發糧食供應短缺，甚至動亂。聯合國相關機構統計，僅二〇〇七年一年，國際糧價就上漲了百分之四十二。世界銀行二〇〇八年四月九日發表報告說，截至今年二月底，過去三年國際市場小麥價格上漲了百分之一百八十一，食品價格整體上漲了百分之八十三。在糧價上漲的同時，世界糧食儲備正在減少。據聯合國糧食及農業組織估計，目前全球糧食儲備已降至自一九八〇年以來的最低水準，只夠維持五十三天，遠低於二〇〇七年初一百六十九天的水準。

在人類尚未擺脫「高油價」的困擾時，又面臨著「高糧價」的挑戰，雙重壓力使人們的生存面臨著威脅。對人類來說，油貴了，可以少開車或不開車，而肚子總挨餓卻是致命的。

世界銀行行長羅伯特．佐利克二〇〇八年四月十日說，在許多發展中國家，窮人購買食品的費用佔收入的比例最高達百分之七十五，食品價格上漲對貧困人口的生活構成沉重打擊。高漲的糧價正使一些貧困國家面臨饑餓威脅，並可能導致一些國家陷入社會動盪。

世界銀行在二〇〇八年四月十四日就海地最新形勢發表聲明說，海地因糧食短缺引發的政治和社會危機顯示，國際社會必須立即著手解決糧食問題。

負責加勒比海地區的世行官員伊馮娜．齊卡塔在聲明中說，世行計畫向海地提供一千萬美元的援助，主要用於為學校提供午餐等緩和糧食危機的措施。

二〇〇八年四月二十九日，英國媒體報導說「世界糧食庫存儲備已減少到歷史最低的五十七天」，這一消息讓很多人腦子裏有一種「自己家突然變得空了」的感覺。世界糧食問題不僅重要、複雜，也存在著很多不確定性和不均衡性。正像歐美國家有那麼多大胖子但非洲還有人在挨餓一樣，世界上有糧食生產充足、忙著出口的，也有要靠國際救援的國家。發達國家還提出使用生物能源的概念，但代價是：按美國目前的技術水準，一英畝農田所產玉米只能提煉八百七十五加侖燃料乙醇，一輛北美最普通的家用吉普加滿一箱油上下班只能開幾天，卻需耗用兩百公斤玉米，相當於非洲窮國布吉納法索一個成年男子一年的口糧。俗話說「民以食為天」，聽到這樣的對比，人們在擔心：全球糧食安全形勢究竟如何？人類該如何應對？

不管全球糧食儲備維持五十三天，還是五十七天，和一九六二年歷史最高水準八十一天相比下跌百分之三十。並且這個數值都遠遠低於國際公認的糧食安全儲量。國際公認的糧食安全儲量是至少滿足七十天的需求。那麼，糧食在未來的多長時間內能夠回緩呢？

關於糧價未來走勢，世行於二〇〇八年四月十四日強調，目前糧價居高不下並非一個短期現象，受全球需求旺盛等因素影響，今後相當長一段時期內糧價都將保持在高位。世行估計，今明兩年糧價將繼續攀升，國際大米價格今年將上漲百分之五十五。此後隨著供求關係調整，糧價會有所回落，不過在二〇一五年之前，糧價都將在二〇〇四年的價格水準之上。

更令人擔心的是，參加聯合國政府間氣候變化委員會會議的科學家們四月十日預測，在未來的十年內，氣候變化將會導致北半球洪水頻發和南半球遭遇持續乾旱。這為農業生產帶來很大困難。

俄羅斯《晨報》一篇題為《全球恐慌：地球面臨饑餓威脅》的文章說，異常天氣正在頻繁影響農業生產，加拿大、澳大利亞、烏克蘭等產糧國的收成今年都減少了。

實際上，世界糧食問題並不是這麼簡單就能說清楚的。有專家認為，低儲備和高消耗的碰撞，是導致糧荒頻發和糧價高企的禍根。整個冷戰期間，全球大規模糧食危機僅發生一次，而冷戰後卻已發生五次便是最有力的證明。二戰結束以來，全球糧食產量增速遠高於人口增速，但糧荒仍不時威脅世界糧食安全，關鍵在於人均糧食消耗的瘋狂增長：據統計，在過去四十五年裏，世界糧食消耗從每天兩百三十萬噸增加至每天五百六十萬噸，增幅達百分之一百四十九。冷戰期間，敵對陣營各國為確保糧食安全，大量囤積儲備糧。上世紀六〇年代末，歐美主要國家糧食儲備可供其國民消耗八十・九天，美國更高達一百零三天。冷戰後，各國普遍認為保持大規模糧食儲備不經濟、無必要，導致糧食儲備的直線下降，並最終出現「糧食儲備危機」。

事實上，全球糧食安全問題在很大程度上是人為的。全球糧食產量很不平衡，糧食安全真正受到致命威脅的，是以撒哈拉以南非洲國家為代表的窮國。長期以來，兩億左右非洲貧民依靠外來糧食供應維生。在糧食產量上，美國、澳大利亞、巴西等國居壟斷地位，僅美國一國，糧食年出口量所佔全球份額常年穩定在百分之三十五左右，其中小麥更高達百分之六十。世界糧食庫存急劇下降的消息並沒有引起普通美國民眾的注意。在華盛頓一家大型倉儲批發超市裡，記者問一位買雞蛋的女顧客，她感覺價格漲了一些，但說不清漲多少。當記者告訴她美國農業部的預計是雞肉零售價格比去年上漲百分之十、雞蛋上漲百分之二十一，牛奶上漲百分之十四時，她顯然感到很吃驚，畢竟糧食安全危機離美國人遠了點。

美國專業人士對世界糧食儲備大量減少的反應是「危機已經開始」。美國地球政策研究所所長萊斯特．布朗博士曾長期任美國農業部高級顧問，目前還是中國社科院的名譽教授。他在接受記者採訪時表示，當今世界正面臨一場日益逼近的糧食危機，而且是前所未有的。歷史上歷次糧食危機的罪魁禍首都是氣候異常導致的各種自然災害，這次危機產生的原因則是多重的，包括灌溉水源的匱乏，糧食作物用於燃料生產以及人口增長、需求上升等。這些因素結合起來使危機更加複雜化，因為即使市場這隻「無形的手」也無力改變水資源及人口的現狀，實現自動調整。他預言世界穀物的價格走勢，就像石油價格由低到高的發展一樣，正處於上升期的開始。

「將糧食作物轉化為燃料是對人類的犯罪」，這樣的聲音超過了美國宣導的「發展生物能源」、建立「乙醇OPEC」的聲音。美國本身就是世界頭號能耗大戶，已有分析人士擔心，生物能源的普及，將讓美國人再次忘記節約，汽車等能源消耗品「和人爭糧」，會使全球糧食危機雪上加霜。布朗博士也認為，美國用於乙醇燃料生產的玉米等農作物的比例日益升高，是導致世界糧食價格扭曲的一個重要原因。美國是當今世界最大的糧食生產國、出口國和乙醇燃料生產國，但布朗說，在全球糧食危機面前，「即使美國也不能倖免，因為美國經濟與世界高度融合，我們生活在一個全球化的世界」。此外，糧食危機也將可能引發許多貧困的發展中國家的政治動盪。

儘管國際糧價已達二十年新高，但中國國內糧價相對穩定。農業部的資料表明，中國糧食自給率十年來一直穩定保持在百分之九十五以上，糧食儲備達一．五億噸到兩億噸，庫存水準比世界平均水準多一倍。國務院二〇〇八年工作要點將努力增加生產，控制糧食出口，限制玉米深加工作為進一步穩定糧價的重要措施。

二〇〇八年四月五日至六日，中共中央政治局常委、國務院總理溫家寶在河北考察農業和春耕生產時指出，手中有糧，心中不慌，中國的糧食儲備是充裕的，中國人完全有能力養活自己。

溫家寶強調，中國人完全有能力解決自己的吃飯問題：中國的糧食儲備是充裕的。國家現有一．五億噸到兩億噸的儲備糧，庫存水準比世界平均水準多一倍。黨中央、國務院高度重視糧食生產，制定了一系列促進農業和糧食生產的政策措施。因此，世界糧食危機對中國來說影響較小。

六、全球有八億多人在饑餓中掙扎

糧食是人類賴以生存的首要物質基礎，如果沒有糧食，一切將無從談起：沒有學習、沒有商業、沒有藝術、沒有文學、沒有進步。饑餓是制約人類發展和實現人權的一個主要因素，它不僅毀滅生命、毀滅個人的希望，而且也阻礙國家的和平與繁榮。

饑餓問題一直是世界比較關注的話題之一。聯合國糧農組織一九七九年在第二十屆大會上決定，從一九八一年起，把每年的十月十六日（糧農組織創建紀念日）定為「世界糧食日」，旨在提醒人們關注第三世界國家長期存在的糧食短缺問題，敦促各國政府和人民採取行動，增加糧食生產，更合理地進行糧食分配，與饑餓和營養不良作鬥爭。

二〇〇七年七月四日，世界糧食計畫署、糧農組織和國際農業發展基金在日內瓦舉行的一個聯合記者會上透露，全球目前有八．五四億饑餓人口，其中非洲的情形最為嚴重，過去十五年，非洲營養不良的人口增長了四千五百萬人。

糧農組織副總幹事哈恰里克（David Harcharik）說：「無論是從人口比例還是從絕對數字上來看，世界現在都沒有按步驟實現到二〇一五年將饑餓人口減半的目標。儘管一些國家取得了進展，但全球總體的饑餓人口數量仍然在持續上升，而不是下降。」對於這種狀況，他非常憂心。

國際農業發展基金指出，儘管世界百分之五十的人口目前居住在城市，但大多數貧困人口仍然集中在農村地區，因此，農業發展，尤其是撒哈拉以南非洲的農業應得到更多的重視和投資，否則世界其他地區難以構築持久發展的強勁經濟基礎。

「世界饑餓人口持續上升，全球約有八・五四億人缺乏足夠糧食。」這個資料表明，饑餓仍是當今人類生存面臨的主要威脅之一。

世界糧食計畫署新任執行幹事喬塞特・希蘭二〇〇六年六月四日在世界糧食計畫署執行局會議上指出，國際社會近年來在幫助貧困人口擺脫饑餓方面已作出很多努力，取得了一些進展，但仍不夠。雖然世界糧食計畫署每年都向生活貧困者提供食品等援助，但受惠者僅佔目前全球八・五四億饑餓人口的約百分之十。目前世界上平均每五秒鐘即有一名兒童死於饑餓。

希蘭認為，在世界不斷發生變化的今天，世界糧食計畫署應不斷分析和調整戰略，以應對氣候變化、糧食價格上漲等因素帶來的挑戰。她強調，世界糧食計畫署將與聯合國成員、其他聯合國機構及其他人道主義救援合作夥伴等一起，在提供緊急援助、災害預防、幫助災後重建和促進可持續發展等領域發揮重要作用。

二〇〇六年十月十六日，世界糧食日的主題是投資發展中國家的農業，特別是投資經營規模較小的農戶。

國際食品政策研究機構總幹事喬基姆・文・布勞姆說：「當前，全世界有八億多人在忍受長期饑餓的煎熬，其中每天有二・五萬人死亡，多數是由於嚴重營養不良。在非洲，二〇〇五年和今年早些時候的嚴重糧食危機似乎有所緩解，但是據估計，仍有兩億人營養不良。在非洲南部，嚴重的乾旱造成莊稼歉收。在東非，家畜因缺乏雨水而死亡。在西非，牧場因缺乏雨水而嚴重乾旱。」

乾旱造成的糧食短缺問題，使婦女和兒童受打擊最嚴重。聯合國兒童基金會的阿布都．阿得基巴德說：「對於營養不良者的幫助總是來得太遲。每一次我們等待的時候，很多人營養不良的狀況就變得更加嚴重。如果我們能在初期階段就投資的話，我們就能挽救成千上萬兒童的生命。」

喬基姆．文．布勞姆說：「由於人口多，南亞國家營養不良的兒童人數是撒哈拉以南的非洲國家的兩倍。但造成饑餓的原因不盡相同，因為饑荒不常在南亞發生。在那裏，儘管農業有所改善，婦女低下的地位卻沒有提高。通常情況下，男人在家裏先吃的慣例導致婦女和兒童營養不良。」

「在發展中國家，小規模經營者佔四分之三。在非洲，他們大多數都是婦女，她們在小塊土地上耕種。」布萊姆說：「小額貸款和有組織的合作社對她們很有幫助，有助於她們銷售自己的收成。如果貧窮的農民們能賺到錢，就能通過購買農業設備、化肥和高品質的種子來提高莊稼的產量，也就能夠養活他們的家庭。許多發展中國家的農戶都處於營養不良的狀態，糧食沒有保障，需要忍饑挨餓。這是很荒謬的。那些種莊稼的人卻窮到讓自己和孩子挨餓的程度。」

一直以來，由於自然災害的原因，非洲的糧食短缺問題尤為嚴重，非洲南部國家馬拉威的許多農民面臨糧食短缺的狀況。聯合國兒童基金會的艾達．格瑪說：「五十萬馬拉威兒童的父母因為愛滋病而死亡，這些兒童也因此成為孤兒，變得營養不良。在這裏，愛滋病已經毀了許多家庭。自從一九九二年起，營養不良比率就從來沒有改善過。」

儘管全球一直在想辦法解決饑餓問題，但是現狀仍不樂觀，全球營養不良人口仍居高不下，其中發展中國家約佔八．二億，兩千五百萬在經濟轉型國家，九百萬在工業化國家。這種狀況致使在二〇一五年前實現將世界饑餓人口減半的目標任務非常艱巨。

為了加強糧食進展工作，減少饑餓人口數量，二〇〇六年十月三十日，聯合國糧農組織（FAO）總幹事雅克．迪烏夫（Jacques Diouf）號召全世界的領導者兌現十年捐款的承諾，從而在二〇一五年把饑餓人口數量減少一半時指出，承諾不是糧食的替代品。

迪烏夫說：「自一九九六年在羅馬召開世界糧食首腦會議（WFS）十年之後，目前發展中國家的饑餓人口為八．二億，比一九九六年的饑餓人口數量還要多，該會議曾經承諾要在二〇一五年把饑餓人口數量減少一半。然而，全世界的饑餓人口非但遠沒有減少，目前反而以每年四百萬的速度不斷遞增。」這種狀況令參加峰會的一百八十五個國家的元首認為全球饑餓狀況「無法接受且不能容忍」，並承諾要竭盡全力將饑餓人口帶出困境。

二〇〇七年，聯合國糧食及農業組織發表公報，將每個人擁有獲得足夠食物的權利——食物權，定為當年糧食日的主題。世界糧食計畫署並採取積極的行動，在感恩節的前夕向世界各地的線民發出呼籲，希望他們在節日期間登錄一項名為「免費大米」的遊戲網站，參加「點滑鼠，捐大米」的線上猜詞遊戲。這項遊戲由美國線上籌款活動創始人約翰．布林發起。參與者每一次正確點擊將為世界糧食計畫署捐出十粒大米。購買大米的資金主要來自該遊戲網站廣告收入。據統計，自從「免費大米」遊戲推出以來，捐出的大米數量達到二十五億粒大米，夠十二萬五千人吃一天。

當年十一月二十六日，聯合國農業與糧食組織第三十四屆大會在羅馬閉幕。此次大會以幫助世界處理饑餓問題為主旨。參與的國家面對消除世界饑餓的挑戰很有信心。所有成員國，除了美國、日本、加拿大和瑞士外，都同意在二〇〇八～二〇〇九年撥款八億六千七百多萬美元的預算。

拯救饑餓人民，全球正在採取積極的行動！

七、全球糧食庫存量一九八〇年以來的最低

繼美國次貸危機後，糧食危機又登上舞臺，向人類發出挑戰。從埃及開羅到印度新德里，「米荒」正在危及全球糧食供應。在一些國家，糧食供應緊張甚至引發了騷亂。二〇〇八年四月六日，埃及開羅的眾多居民舉行罷工罷課，抗議食品價格上漲過快，罷工最後演變成騷亂。這一信號引起世界的不安。

二〇〇八年四月九日，聯合國糧食及農業組織在羅馬召開會議，針對全球糧食短缺問題進行討論，力求尋找到解決糧食危機的方法。

隨著越來越多的人口湧入城市，糧食產量增長停滯，食品價格上升，全球糧食儲備已降至一九八〇年以來最低水準。美國農業部二〇〇八年發布的資料顯示，全球大米庫存量已跌至七千五百二十萬噸，創下八〇年代以來的最低點，為二〇〇〇年初的一半。而全球庫存量只有四·〇五億噸，比二〇〇七年減少百分之五或兩千一百萬噸，創二十五年來的新低紀錄，僅夠全球人食用八至十二周。

糧食供應緊張，造成糧價持續攀升。據統計，世界主要糧食價格自二〇〇五年來已上漲百分之八十。二〇〇八年三月，大米價格達到十九年來最高，小麥價格創下二十八年來最高。

全球糧食供應緊張的局面，致使許多國家紛紛採取措施自保，這進一步減少了國際市場上的糧

食貿易數量，加劇糧食緊張供應緊張的狀況。二〇〇八年三月二十八日，越南宣布今年大米的出口量將大減百分之二十二，印度也於當天公布將出口大米的最低價格大幅調高近五成，越南和印度是全球第二和第三大大米出口國，它們大幅削減大米出口量，導致全球大米供給減少了三分之一。隨後，柬埔寨和埃及也發布了大米出口禁令。糧食出口的禁止，使糧食供應顯得越來越緊張。

在經歷石油危機、金融危機之後，人們陡然發現，真正可怕的還是糧食危機。在二〇〇八年四月六日結束的西方八國集團部長會議上，本不在議程的糧價問題成為討論的熱點。

糧食儲存量降低，糧食價格急速上升，受害最大的莫過於發展中國家的人口，他們為購買糧食所支出的費用佔總收入的百分之五十至百分之六十。這種支出比例使越來越多的人陷入饑餓的狀態。

要想解決糧食危機，各國除了採取自保的措施外，還需大力發展農業，增加糧食產量。聯合國專門機構國際農業發展基金會總裁萊納特．鮑格說：「人們真切認識到我們不能再低估糧食和食品安全的重要性，關注農業綜合企業發展、增加貿易往來是解決食品短缺的長遠之道。」

在當前，增加全球糧食產量，控制世界糧食價格上漲迫在眉睫。據英國《衛報》二〇〇八年四月十日報導，英國首相戈登．布朗已經呼籲國際社會採取行動控制世界糧食價格上漲。

布朗說：「世界糧食價格上漲威脅到近年來我們的發展所取得的進步，挨餓人數呈增長趨勢。國際社會必須全面協調對此作出反應。我們既需要有短期的緊急應對當前困境的行動，也需要有中期應對挑戰的戰略框架。」

聯合國糧農組織為了幫助貧困人口，於二〇〇八年初斥資一千七百萬美元，協助受援助的國家改善種子的品質，並在水源及有機與化學肥料許可的情況下擴增耕作面積。這些措施先後在布吉納法索、茅利塔尼亞、莫三比克與塞內加爾等國家付諸實施。

為探討世界糧食安全的問題，聯合國糧農組織於二〇〇八年六月三日至五日在羅馬總部召開國際糧食高峰會議，討論面對當前的挑戰要採取的政策、行動計畫與策略，糧價高漲與農業生產等問題，特別是貧窮國家的糧食生產問題。

危機爆發後，各個國家雖然開始重視農業生產力，二〇〇八年全球穀物產量預測將創紀錄地達到二十一．〇一億噸，但是專家預測，預計庫存仍然將降至一九八三年的新低，預計二〇〇七～二〇〇八年度全球期末庫存為三．一四億噸，期末庫存消費比為百分之十四．九，創下二十多年來全球最低水準，低於國際上公認的糧食庫存安全線，即庫存消費比百分之十七～百分之十八的水準。並且由於二〇〇七～〇八年年度世界小麥、玉米、大豆等供需仍然存在缺口，僅美國、歐盟、加拿大、澳大利亞等四大主要糧食供應國，供應缺口就高達六千萬噸，這種缺口大大地降低了糧食的總體庫存量。

菲律賓農業部長黃嚴輝在二〇〇八年召開的世界糧食安全大會上，建議全球加快糧食儲備的步伐，以穩定糧食供應和價格。黃嚴輝在發言中指出，這項儲備對供應國和消費國均有利；在糧價低時，它可保護生產和出口國的利益；在糧價高時，它可有效抵擋漲價對進口國消費者的影響。他還建議，這項工作先從稻穀開始，見效後再推廣至小麥和玉米，因為世界上近三十億人以稻米為主食。

最後，黃嚴輝還告訴世界，菲律賓政府在今後兩年將投入七．五億美元以實現稻米自給。菲律賓預料，這項建議將得到眾多國家和諸如世界銀行、亞行、國際農發基金等多邊國際組織的支持。

八、全球糧價可能要維持十年高價

俗話說：「手中有糧，心中不慌」，近來，全球糧價上漲以及在多個國家掀起的反漲價風暴迅速在世界各國展開，糧食問題一時成為國際社會關注的焦點。

與以往糧食危機不同的是，在這次糧食漲價風暴中，幾乎所有國家的大多數重要食品都是一次性快速上漲，在幾十年歷史中創下新高。即使是在糧食充足的美國，食品的批發價格上漲的速度也創下二十七年來的新高。根據聯合國糧農組織的統計，全世界的糧食價格從二〇〇六年到二〇〇七年漲了百分之二十三。穀物漲了百分四十二，油類漲了百分之五十，而奶類製品漲了百分之八十。

自上世紀七〇年代以來，國際糧價出現四次大漲大跌。第一次糧價高峰發生在一九七三～一九七四年度。由於在此之前美、歐、中、蘇等糧食相繼減產，原蘇聯帶頭向國際市場大量購買糧食，引起糧價暴漲。

第二次糧價高峰出現在一九八〇～一九八一年度。主要是由於當時穀物貿易量逐年遞增，而當年主要糧食出口國減產，引起糧價上漲，尤以大米為最，漲至接近每噸三百美元。

第三次糧價高峰出現在一九八九～一九九〇年度，小麥價格上漲到每噸一百七十五美元，隨後被歐盟、美國的出口補貼政策迅速打壓。

第四次糧價高峰出現在一九九五～一九九六年度。俄羅斯、東歐地區糧食大幅減產，發展中國家糧食生產停滯，國際市場糧食需求出現增加趨勢，刺激糧食價格紛紛上升到歷史最高。

縱觀這四次糧價的起伏，大體上是七、八年發生一次，帶有週期性質。二〇〇五年以來，國際糧食產量下降，但需求增長迅速，糧價快速攀升，以玉米價格上漲為最，總體判斷，目前正處於一九九五年以來的又一個週期的上漲階段。

面對糧食大幅度的增長率，老百姓最為關注的問題是糧價何時才會回落，高糧價時代要維持多長時間。就糧價未來走勢趨勢，經濟專家們根據國內與國際糧食市場的變化規律，紛紛發表觀點，總體上說，多數專家認為，在未來十年高糧價趨勢下，糧食危機將有四種可能發展的方向。

第一種走勢，也是最有可能出現的情況是糧價繼續上漲。在新興國家的糧食需求量不斷增大，原油價格繼續暴漲的背景下，預計生物燃料的增產壓力將增大，同時飼料與肥料價格也會上漲。現在來說，糧食價格已經是近二十年來最高。今後的一段時間，至少五年十年左右，糧價都會在一個比較高的水準之上運行。

第二種走勢是上漲後軟著陸。如果今後農業投資增加，技術革新取得進展，比如利用廢棄物開發肥料、有新舉措防止土地貧瘠等，糧食價格最終會下降。

第三種情況是糧食危機惡化，這是最糟糕的結局，也是嚴重影響著人類生存的結局。如果地區衝突加劇，原油價格進入每桶兩百美元時代，氣候不斷惡化，穀物病蟲害和缺水等因素綜合作用，那麼糧價暴漲肯定無法抑制。

第四種走勢是糧價上漲結束。假如各國的增產努力取得成果，或者原油價格跌回每桶六十五美元，生物燃料的競爭力減弱。那麼糧價勢必會回落，但這種走勢的可能性很小。

關於糧食未來走勢，聯合國糧農組織的經濟學家阿巴西昂先就近十年來國際糧食市場結構進行了分析。

十年來，國際糧食市場結構不斷變化，糧食價格呈現較大漲跌，不同階段價格具有很大差異。總體看，一九九六年以來，國際糧價走勢大體可以分為三個階段：

第一階段，一九九六年～二〇〇〇年，糧食價格處於高位下行階段。

一九九五年全球糧食生產達到低谷，國際市場糧價也迅速攀升至歷史最高。其中，小麥在一九九五年四月達到每噸兩百七十九美元（月度平均價格）的歷史高位，玉米、大米分別在一九九六年五月、一九九六年一月達到一百九十美元和三百三十美元的歷史高位。一九九六年，以小麥為主的糧食產量迅速恢復，當年糧食產量比上年增長百分之十一．三，達到十八．七億噸，隨後幾年產量也保持穩中小幅提高趨勢，國際糧價開始振盪走低，一九九九年底二〇〇〇年初跌至接近二十年的最低水準。其中，小麥、玉米、大米分別下降到每噸一百零五美元、六十七美元、一百四十七美元，比一九九五～一九九六年度的歷史高位下降了百分之五十五～百分之六十五。

第二階段，二〇〇一年～二〇〇四年，糧價處於低位盤整階段。

在此階段，全球糧食產量基本穩定在十八．六億噸，需求量穩定在十九億噸，由於庫存較為龐大（二〇〇一、二〇〇二庫存都達到五．二億噸），除二〇〇二年三季度小麥價格從每噸一百二十美元上漲到一百九十美元外，其餘時間糧價沒有出現大的漲跌，小麥、玉米、大米分別在一百三十～一百四十美元、九十～一百美元和一百五十～一百七十美元之間波動。

第三階段，二〇〇五年～目前，糧價處於逐步回升階段。

二〇〇五年全球玉米、小麥產量分別下降百分之二・四和百分之一・三，糧食總產量減少百分之一・四，同時由於國際原油價格大幅攀升，玉米作為生產能源替代品的原料需求快速增加，帶動糧食需求旺盛，糧食庫存比二〇〇〇年和二〇〇一年度大幅減少百分之二十七，價格開始爬升。如二〇〇八年四月份國際糧價平均比二〇〇五年初上漲百分之三十左右（小麥、玉米、大米漲幅分別為百分之二十四、百分之五十五、百分之八），相當於一九九六年八月份水準，但仍未達到歷史高位，其中小麥、玉米、大米價格分別比一九九五～一九九六年度的歷史高位低百分之二十八、百分之十七、百分之十二%左右。

從這三個階段可以看出，國際糧價波動具有週期性，目前正處於又一上漲階段。近年來，在國際能源、有色金屬價格持續攀高的情況下，一部分投機資金分流到價位較低、供需關係偏緊的小麥、玉米等糧食期貨市場上，糧食逐漸成為國際投機資金炒作的熱點，引發國際糧食價格大幅波動。特別是隨著玉米用於燃料乙醇生產的數量增加，其價格走勢受能源等外部市場影響逐步增強，一些投機基金「看好石油買玉米」，玉米等糧食市場的定價權部分轉移到金融機構手中。

在進行整體分析後，阿巴西昂說：「糧食價格不太可能會回落到以前的水準了，據我預測，全球得面對至少十年食品價格高昂的局面」。

阿巴西昂指出，國際市場糧價變化大約十年左右一個大的週期，目前糧價正處於九十五年以來的又一個週期的上漲階段。近十年來，國際和國內市場的糧價走勢基本一致，特別是小麥、玉米的關聯度逐步提高。而且，由於資訊傳播能力的增強，國際市場糧價變化對國內市場的影響也變得越來越快。十年間，世界糧食產量增加百分之五・八一，消費量增加了百分之十一・七，工業對糧食的需求有加快增長趨勢。全球糧食供需關係和糧價問題，都值得關注。

在糧價上漲的同時，世界糧食儲備正在減少，糧食安全問題日益凸顯。關於糧價未來走勢，世行強調，目前糧價居高不下並非一個短期現象，受全球需求旺盛等因素影響，今後相當長一段時期內糧價都將保持在高位。世行估計，今明兩年糧價將繼續攀升，但在此後隨著供求關係調整，糧價會有所回落，但在二〇一五年之前，糧價都將在二〇〇四年的價格水準之上。

全球糧價可能要維持十年高價，在這種局面下，中國糧價是會受到國際糧食市場的影響呢？隨著全球經濟一體化的發展，國際糧價與國內糧價之間產生相互影響。一方面，國際糧食市場由不同國家的市場構成，中國糧食產量、消費量佔世界產量、消費量的百分之二十一，中國糧食市場的產需結構及價格變化必然會對國際糧食價格產生影響；另一方面，國際糧食市場中佔據主導地位的國家其產需結構、價格變化又影響中國糧價走勢。

國際糧價對中國糧價的影響管道，一是糧食進出口貿易。從小麥情況看，一九九六年～二〇〇六年間中國小麥進出口數量變化很大，平均進口小麥兩百三十六萬噸，出口五十萬噸，佔全球貿易的比重僅分別為百分之二．一和百分之〇．四五，因而中國小麥價格與國際小麥相關性較弱，受國際小麥價格的影響也較小。

相比之下，中國玉米、大米進出口數量相對穩定，且在全球貿易中佔有重要地位。一九九六年～二〇〇六年平均出口玉米為六百七十六萬噸，佔全球貿易比重達到百分之八．八；稻米（稻穀和大米）出口一百八十一萬噸，佔全球貿易比重的百分之七，同時，中國每年還保持一定數量的稻米進口，如二〇〇六年進口七十三萬噸，佔全球貿易量的百分之一．五左右。

但隨著市場訊息的高效傳播，國際糧價對中國糧價的影響也越來越迅速。二〇〇三年十月十日，美國農業部發布報告預測全球大豆減產，芝加哥期貨市場大豆價格迅速上漲；十月下旬，中國國內食用油就出現了大幅度上漲。二〇〇六年九月、十月份，國際市場小麥、玉米價格出現較大幅度上漲；十一月份，國內小麥價格在大幅度增產情況下，也出現了大幅度上漲。今年一月十二日，美國農業部發布報告，將美國二〇〇六～二〇〇七年玉米庫存由上年十二月份預估的兩千三百七十六萬噸大幅調減百分之十九．六到一千九百一十萬噸，引發當日芝加哥期貨市場玉米價格漲停，在其影響下，次日中國玉米期貨價格也大幅上漲並創出合約上市以來的新高，並很快影響到國內現貨市場的價格變動。

由此可以看出，十年來國內糧價總體走勢與國際走勢基本上是一致的。在十年高價的情形下，中國的糧食也可能會出現漲幅。

九、全球食品價格上升到一八四五年以來的最高

二〇〇七年，中國乃至國際世界的糧價空前高漲，從而使一些國家爆發了較為嚴重的糧食危機，非洲國家尤為嚴重。

據英國《經濟學家》雜誌統計，全球食品價格指數上漲近三分之一，創下一八四五年以來的最高值。其中，小麥價格飛漲百分之一百一十二，玉米猛增百分之四十七·三。根據二〇〇八年四月九日世界銀行的相關報告，截至今年二月底，過去三年國際市場小麥價格上漲了百分之一百八十一，食品價格整體上漲了百分之八十三。而據聯合國有關機構統計，僅二〇〇七年一年，國際糧價就上漲了百分之四十二。

民以食為天，糧食問題是人類賴以生存的最基本問題，若得不到有效的解決，就有可能造成嚴重後果。面對來勢洶洶的全球糧價上漲，世行行長佐利克指出，最近三年國際糧價的成倍上漲，可能導致全球貧窮國家中一億人口陷入更加貧困的狀態。國際貨幣基金組織（IMF）總裁多明尼克·斯特勞斯·卡恩於近日警告說，糧食價格飛漲可能給世界帶來「可怕後果」，在極端情況下甚至會導致戰爭。

全球範圍內，幾乎沒有哪個國家不感受到食品價格上漲帶來的影響。在美國，調整季節變動後的數字顯示，二〇〇七年以來價格已經上漲了百分之六·七，相比之下，二〇〇六年全年上漲了百

分之二・一。

美國研究機構Bernstein預測，其食品商品指數將顯示二〇〇七年的價格上漲百分之二十一。該指數追蹤食品公司使用的小麥、大麥、牛奶、可哥和食用油等農業原材料，今年的資料將是指數近十年前創辦以來的最大漲幅。

英國二〇〇七年四月的消費者價格指數顯示，該國食品價格年增長率達到百分之六，是近六年來最高水準，比總體物價上漲率高出二・八個百分點。在歐元區，食品價格上漲相對較低，為百分之二・五，但仍然比高出物價總體上漲率的速度上升。

同樣，在中國，二〇〇七年的食品價格也以高出其他商品價格兩倍多的速度上漲，四月份相比二〇〇六年同期上漲了百分之七・一。食品價格年上漲率達到了上世紀九〇年代末期以來的最高水準。

二〇〇七年八月份，市場調查機構對食品的價格又一次進行了統計，結果表明，食品價格上漲百分之十八・二，其中，糧食價格上漲百分之六・四，肉禽及其製品價格上漲百分之四十九，鮮蛋價格上漲百分之二十三・六。

在二〇〇七年，糧食價格上漲推動食品價格走高的動向頻繁地出現在一系列的新聞媒體中，如「全球食品價格上漲可能在全球範圍內形成新的通貨膨脹壓力」；「發達國家和發展中國家的食品價格均出現迅速上漲的態勢」；「中國的通貨膨脹率因為農產品價格上漲而迅速上升」等等。社會各界對食品價格上漲可能會導致嚴重通貨膨脹的擔憂，似乎成了當年全球市場最大的風險所在。

世界糧食價格上漲直接導致全球食品價格走高，二〇〇七年國際貨幣基金組織和世界銀行的統計資料顯示：二〇〇六年，全球食品價格比上年上漲了百分之九・八，其中，中低收入國家食品價格上漲了百分之九·七。二〇〇七年一季度，全球食品價格同比上漲了百分之十一·六，其中，中低收入國家上漲了百分之八·七。分品種看，牛肉（巴西產）二〇〇六年比上年上漲了百分之十四·九，二〇〇七年一季度同比又上漲了百分之九·七；中低收入國家食用植物油二〇〇六年上漲了百分之二·八，二〇〇七年一季度猛漲了百分之三十·九。造成全球食品價格高起的直接因素是世界糧食價格的上漲，糧食價格上漲推動了與糧食有關的食品價格走高，並通過飼料的傳導作用推動肉類和奶類等食品價格上揚。

世界糧食價格自二〇〇六年九月份起持續上漲，從糧食現貨價格上漲幅度看，二〇〇七年以來國際市場主要大宗糧食品種價格在二〇〇六年上漲較快的基礎上繼續上揚。分品種看：

小麥：二〇〇六年，美國小麥到岸價格每噸比上年上漲了百分之二十六，創二〇〇〇年以來最高漲幅紀錄。二〇〇七年一～四月份，每噸價格比去年同期上漲了百分之十三·一。

玉米：二〇〇六年，美國玉米離岸價格每噸比二〇〇五年上漲了百分之二十三·五。二〇〇七年一～四月，每噸價格同比上漲了百分之五十七·七。

大豆：二〇〇六年，美國大豆到岸價格每噸比二〇〇五年下跌了百分之二·二，二〇〇七年一～四月，每噸價格同比上漲了百分之二十三·七。

大米：二〇〇六年，泰國大米離岸價格每噸比二〇〇五年上漲了百分之六·五。二〇〇七年一～四月，每噸價格同比上漲了百分之五·四。

高粱：二〇〇六年，美國離岸價格每噸比二〇〇五年上漲了百分之二十七·八。二〇〇七年一～四月份，同比上漲了百分之六十一·二。

針對糧價上漲幅度和糧食供需情況，聯合國糧農組織及美國農業部做了如下統計：

二〇〇六年以來世界主要糧食品種價格上漲幅度

	二〇〇六年		二〇〇七年～四月份	
	美元／噸	比上年上漲（%）	美元／噸	比去年同期上漲（%）
小麥	192.0	26.0	198.4	13.1
玉米	121.9	23.5	166.7	57.7
大豆	268.6	-2.2	318.2	23.7
大米	304.9	6.5	315.8	5.4
高粱	122.9	27.8	169.1	61.2

二〇〇六年世界糧食供需情況

單位：百萬噸

	產量	總供給	總需求	期末庫存
糧食				
二〇〇五年	2235.15	2691.38	2243.84	447.24
二〇〇六年	2209.36	2656.61	2277.19	374.16
穀物				
二〇〇五年	2017.11	2425.16	2030.07	395.09
二〇〇六年	1984.39	2379.49	2056.13	318.94
小麥				
二〇〇五年	621.16	772.38	624.50	147.88
二〇〇六年	594.50	742.38	621.17	121.21
稻穀				
二〇〇五年	418.00	496.15	414.68	81.47
二〇〇六年	415.05	496.51	417.60	78.91
玉米				
二〇〇五年	710.00	823.27	706.60	137.40
二〇〇六年	694.20	831.60	720.10	109.80
大豆				
二〇〇五年	218.04	266.22	213.77	52.15
二〇〇六年	224.97	277.12	221.06	55.22

注：1、糧食為穀物和大豆合計數。2、總供給等於產量加上期庫存。3、二〇〇六年資料為預測數據。

二〇〇八年四月十三日，《香港文匯報》報導說，通膨高企，全球大米價格高漲正演變成政治議題，全球性機構已開始草擬方案以應對食品價格過高問題，預計本周各國財長在華盛頓召開會議時將討論食品價格過高議題。在截至一月尾的一年內，全球食品價格上漲了百分之三十五。聯合國糧農組織警告，短期內食品價格將繼續維持高位，供應短缺亦將持續，個別比較貧窮的國家可能因食品而發生暴亂。專家分析指出，雖然各國將努力增加食品供應，但全球正在發生朝向高食品價格的結構性變化，且這種趨勢很難逆轉，全球糧價預料再漲兩成。

巴西前農業部長羅德里格斯於二〇〇八年四月十日稱，全球食品價格在四至六年內不會回落，此後全球糧食產量才會趕上來自新興國家的新需求。而聯合國的紀錄顯示，食品價格自二〇〇二年開始上漲，最初漲勢緩慢，但現已加速。食品價格較二〇〇二年已上漲百分之六十五。僅二〇〇七年全球乳製品價格就上漲近百分之八十，穀物價格上漲百分之四十二。

芝加哥商品交易所的大米期貨在二〇〇八年已大幅漲價百分之四十五，自二〇〇一年以來已漲五倍，而小麥價格亦創下二十八年來最高。僅今年頭兩個月，世界糧食價格就上漲了百分九。

二〇〇八年六月十八日，海南省就居民消費情況作了統計，資料表明，海南省居民消費價格總水準呈快速上漲之勢。一～四月份，全省居民消費價格指數（CPI）累計上漲百分之九．五，比全國平均水準高一．三個百分點，漲幅列居全國第十位。其中，食品和居住價格上漲幅度較大，比去年同期分別上漲了百分之十九．三和百分之十一．四。總體上看，食品價格上漲近兩成，創一九九六年以來漲幅新高。食品價格持續上漲，對相關行業和城鄉居民、特別是低收入群體的生活造成較大影響。一季度，由於食品價格上漲，城鎮居民人均食品消費多支出三百五十二元，月均多支出一百一十七元，農村居民人均食品消費多支出五十三元，月均多支出十八元。

北京大學中國經濟研究中心教授盧鋒指出，如果假定新一輪糧價上漲能夠達到上一輪一九九五年的高峰，那麼從時間序列資料看，三種穀物價格還有近百分之二十至百分之二十五上漲空間，因此，食品價格將會繼續上漲，上漲幅度將創歷史新高。

十、發達國家究竟扮演了什麼角色

糧食危機爆發後，一些發達國家紛紛將矛頭指向發展中國家，認為發展中國家是誘發糧食危機的罪魁禍首。美國總統布希甚至把目前的全球糧食危機歸咎於印度等發展中大國的糧食需求增長。

糧食危機是否如布希所說由印度等發展中國家的糧食需求增長所引起的呢？而發達國家在糧食危機中到底扮演了什麼樣的角色呢？

針對布希的言論，印度商業國務部長賈伊拉姆．拉梅什進行了反駁，他說：「布希再一次證明他完全錯了。」拉梅什的話並非主觀臆斷，他通過資料證明自己的言論。據印度《商業旗幟報》援引聯合國糧農組織發表的全球食品市場報告說，印度的穀物消費量預計從二〇〇六年～二〇〇七年的一．九三一億噸增加至二〇〇七年～二〇〇八年的一．九七三億噸，增幅為百分之二．一七；而美國同期的穀物消費量從二．七七六億噸增至三．一〇四億噸，增幅高達百分之十一．八一，佔世界穀類消費量的比重從百分之十三．四六升至百分之十四．七四。這個結果說明，布希的言論是不成立的。

相反地，農業權威專家指出，此次糧食危機從醞釀、發展到凸顯這幾個階段，無不與發達國家密切相關，發達國家特別是歐美國家應該對此承擔主要責任。

危機爆發前，發達國家長期實行的農業補貼政策導致國際農產品市場價格嚴重扭曲，極大衝擊了發展中國家農產品市場，影響農民的生產積極性，對全球糧食庫存造成持續的負面影響。

田納西大學農業政策分析中心的資料顯示，美國對商品化農產品的補貼，一九九八年以後，一直穩定在每年兩百億美元的規模上，其中百分之八十流入到農民和農作公司。但分配結構極不均衡，最大的百分之一的農場，二〇〇三年平均得到了二十一．四萬美元的補貼，最大的百分之二十的農場，平均得到近一萬美元的補貼。但多數中小農場補貼甚少，甚至沒有任何補貼。

補貼狀況的迴異，使得美國農場出現了明顯的兩極分化。小規模家庭農場則幾乎悉數被逐出商品化農產品的種植領域。另一個結果是，農民的農場收入不僅沒有上升，反而有所下降。

二〇〇八年五月三十日，拉美經濟體系常任秘書何塞．里韋拉在接受新華社記者採訪時說，一些發達國家的農業補貼政策極大影響了發展中國家發展農業的積極性，是導致糧食價格高漲的重要原因之一。

在危機發展階段，即二〇〇六年十月以後，石油價格飆升，農用燃料和化肥等成本增加直接導致糧價上揚，更嚴重的是，石油價格上漲使得歐美等發達國家大力發展生物能源，汽車與人爭糧愈演愈烈，糧食供給狀況進一步惡化。

「如果你控制了石油，你就控制了所有的國家；如果你控制了糧食，你就控制了所有的人」。這是季辛吉在上世紀七〇年代接受媒體採訪時所說的話。

「現在糧食品種的期貨分析師在判斷走勢時，首先關注的就是國際原油價格的動態，其次才是氣候變化。」格林期貨的一位分析師告訴《環球財經》，而在此前，氣候因素幾乎是糧食期貨價格變化的唯一戰略性變數。

在危機凸顯階段，美國次貸危機爆發並引發金融動盪，投機資本大量湧入糧食期貨市場哄抬價格乘機漁利，進一步加劇了全球糧食供給的失衡狀態。

因此，單從此次危機形成的主要直接成因看，把引發糧食危機的罪責推向發展中國家毫無道理。事實上此次全球糧食供給失衡還有著長期的、更深層的動因，這也與發達國家的政策有關。聯合國新任食物權問題特別報告員奧利維耶·德許特就指責世界銀行和國際貨幣基金組織「嚴重低估投資農業的必要性」，迫使承受國際債務的發展中國家以犧牲糧食安全為代價，改種出口創匯的經濟作物。

此外，發達國家的農業資本化對發展中國家造成的衝擊也不容低估。最近幾十年，歐美等發達國家農業資本化程度不斷加深，逐漸形成強大且集中的糧食集團和聯合體。一方面，這些集團壟斷全球糧食生產投入環節，使種子、化肥、農藥、機械等生產性投入逐步集中，如德許特所言，美國孟山都公司和陶氏公司等大企業掌握著全球使用最廣泛的種子、化肥和除草劑等產品的專利權，卻讓發展中國家的小規模生產者買不起生產物資，嚴重制約了農業生產。另一方面，這些集團致力於推動農產品貿易自由化，使得多數在資金和技術上不佔優勢的發展中國家被迫讓出國內農產品市場，導致當地的農業生產停滯不前。

在探索糧食危機爆發的原因中，二〇〇八年六月十八日，《國際先驅導報》發表了一篇「專家稱美國依靠糧食危機控制發展中國家經濟」的文章，該篇文章寫道：「今年世界糧食危機，成因已近乎教科書式語言：發展中國家需求量增大、氣候變化與生物能源搶佔耕地造成產量減少、資本投機與美元貶值使糧價據高不下。但實際上，一整套『陽謀』卻被國際輿論忽略了。」

這篇文章中所稱的專家係中國人民大學農業與發展學院副教授周立，為了尋找真正的原因，他曾在美國做過一年的田野調查，在採訪諸多美國消費者、農民與非政府組織後，他發表了題為《美國的糧食政治與糧食武器》的報告。

他說「在以美國為首的發達國家，食品巨頭形成『糧食帝國』，控制了諸多發展中國家的政治與經濟。」周立認為，糧食危機不過是這一帝國擴張的結果，但現在問題正在變得更加嚴重。

周立所指的「帝國」，是美國大型食品公司，它們首先控制了全美大部分糧食，而後獲得國際影響力。他告訴《國際先驅導報》：「它們採用兩大手段操縱糧價：一是推行糧食自由貿易，二是通過糧食援助控制發展中國家的農業。」

美國政府對糧食生產予以高額補貼，因此糧價比一般國家低，食品公司想盡辦法推動各國實現糧食自由貿易，以便順利出口牟取利潤。但這對進口國而言卻意味著一場劫難。

糧食援助是食品帝國常用的「毒品」：在諸多非洲國家，接受糧食援助的條件之一就是要為美國生產香蕉、可可等經濟作物，這些國家的糧食生產因此荒廢，淪為帝國附庸。

海地的悲劇十分生動：二十年前，該國年產大米十七萬噸，可滿足百分之九十五內需，但一九九五年向美國敞開大米貿易，比海地米便宜一半的美國米迅速佔領市場，農民失去土地和生計，如今海地四分之三的大米都來自美國。

曾任美國雷根政府農業部長的約翰．布洛克曾說：「糧食是一件武器，用法就是把各國繫在我們身上，他們就不會搗亂。」美國糧商與美國政府互相需要，當局將糧食視為戰略武器，糧商要靠政府撐腰，推行利於自身的貿易政策。

「官商勾結」表現在美國政府利於糧商的一貫農業政策。調整耕地面積是關鍵招數。美國農田長期有三分之一處於休耕狀態，以便調節糧價。據最新一期日本《選擇》月刊透露，去年美國有意將小麥產量減少到七千萬噸，從而維持小麥價格高位。

糧商始終試圖影響美國的內政和外交。周立告訴《國際先驅導報》，一九八七年到一九八九年任嘉吉公司執行總裁的丹尼爾·阿姆斯特茲，是「烏拉圭回合」談判中美國農業首席談判代表，正因為他的推動，農業首次被納入關貿總協定體系下，並由後來的世界貿易組織繼承。此外，糧商還與政府攜手影響國際組織。當初海地允許美國米進入，便是國際貨幣基金組織對其發放貸款的硬性條件。

近年來，美國食品業的結盟，大大加強了其市場壟斷力度。周立在報告中指出，在北美，康納格拉冷凍食品公司與杜邦公司，穀物巨頭嘉吉與種子公司孟山都，諾華公司與糧油公司阿徹—丹尼爾斯—米德蘭已經形成三個食物聯合體，控制北美的整條食物鏈，影響力擴張到全球。

孟山都控制全球穀物與蔬菜種子百分之二十三到百分之四十一的份額，與穀物巨頭嘉吉結盟後，如果農民需要貸款購買孟山都種子，就得去嘉吉旗下的埃爾斯沃思銀行。

糧價漲跌，它們可旱澇保收，漲價會使糧食初級產品受益增加；跌價時食品加工貿易則可受惠。受糧食短缺之苦的，則是發展中國家的國民。此外，美國國民也是受害者，因為這些食品帝國研製出的加工食品令本國農民受惠甚少。周立在艾奧瓦州一個農民家庭調查時發現，一盒麥片中農民收益還不到售價的百分之一．五。

「當多年前中國選擇開放農產品市場，又無力和美國、歐盟以及日本等國進行補貼競爭的時候，就注定今天會看到農業無利可圖的現狀了。」周立認為，美國的糧食陰謀已經影響到中國，為確保糧食安全，中國應該堅持糧食主要由本國提供的原則；在扭曲的國際市場上，糧食自由貿易也需謹慎對待。

「糧食危機背後的政治背景，比能源危機更為深刻」，國務院發展研究中心國際技術與經濟研究所博士藤飛向《環球財經》表示。

由此可以看出，糧食危機是一場人為的危機，是一場由利益分配和再分配導致的危機。世界銀行行長佐立克說：「經濟創造財富，政治分配財富。」政治經濟學這一基本要義詮釋了這場危機的實質：這是一個政治問題，是由發達國家操控的政治問題。

因此，此次糧荒短期因素和長期因素相交織，表層原因和深層結構性因素相混雜，把危機的原因僅僅歸咎於少數幾個國家的消費量變化未免有失偏頗。真正理性的態度應當是對威脅全球糧食安全的深層根源進行反思，並提出富有建設性的解決方案。抑制糧價上漲對全球經濟穩定發展所帶來的衝擊，已成為國際社會刻不容緩的任務，所有國際社會成員特別是發達國家必須主動承擔起應有的責任，推諉和轉嫁責任無益於問題的解決。

十一、糧食危機為何頻頻爆發

二〇〇八年以來，糧食危機席捲全球，「世界糧倉」美國也未能倖免。二〇〇八年四月，美國兩大零售商——沃爾瑪旗下的山姆會員店和全美最大倉儲式零售店「好事多」突然宣布採取特別措施，對顧客購買部分品種的大米數量加以限制。

食品限購在美國實屬罕見。而在廣大發展中國家，糧食危機造成的影響更為廣泛而深刻。在埃及首都開羅，為拿到政府救濟的廉價麵包，民眾排起長蛇般的隊伍。在海地，食品危機引發的社會動盪迫使總理下臺。

糧價上漲正在多個國家引發新一輪抗議浪潮。

在亞洲，大約十億人承受糧價上漲影響。一些菲律賓、印尼、新加坡和泰國民眾在二〇〇八年五月一日走上街頭，抗議糧價上漲。

俄羅斯多座城市當天數千人舉行類似抗議活動。

秘魯一千多名婦女在二〇〇八年四月三十日聚集在國會外，擊打空罐和空盤子，要求政府針對糧價上漲採取更多措施。

在肯亞，民眾面臨糧價上漲和通貨膨脹壓力。肯亞政府二〇〇八年五月二日宣布，通貨膨脹率四月達到百分之二十六．七，比三月高將近五個百分點。

為了扼制糧價繼續大幅度增長，各國紛紛採取相應的措施。糧食危機已經引起全球各界的關注，二〇〇八年四月二十九日，聯合國秘書長潘基文在瑞士首都伯爾尼出席新聞發布會時，宣布將成立一個特別工作組應對全球糧價上漲危機，並協調聯合國各機構就此採取行動。

前任聯合國秘書長安南於二〇〇八年五月二日說，如果發達國家能夠提供資助，非洲可望在五年至十年內實現糧食產量翻番，從而長期解決糧食危機。

安南當天在奧地利城市薩爾茲堡主持一個由農業專家參加的會議，以「非洲綠色革命聯盟主席」身分呼籲發達國家援助非洲。

安南認為，應以長期戰略推動非洲農民迅速提高產量，讓非洲實現糧食自給，不再依靠糧食援助。最迫切的是讓急需糧食的人們得到糧食。

美國總統布希五月一日提議由美國提供七．七億美元糧食援助款，同時為應對全球糧食危機採取其他措施。安南歡迎這一提議，表示「非常希望歐洲國家政府能夠效仿」。

追溯糧食危機爆發的原因，短期因素和長期因素交織，表層原因和深層原因混雜。

汽車「吃」糧擴大需求

二〇〇七年，儘管澳大利亞等產糧國因旱情出現減產，但整體來看，全球糧食產量呈增長態勢。根據聯合國糧農組織提供的最新資料，二〇〇六年全球糧食產量為二十．一二九億噸，二〇〇七年估計為二十一．〇八五億噸，增幅為百分之四．七。

但是，產量的增長抵不過需求的增加。聯合國糧農組織預計，二〇〇七年度世界糧食期末庫存將降至四．〇五億噸，為二十五年以來的最低水準。

糧食需求增加一方面是由於發展中國家人口增長和食品結構升級，另一方面則是一些國家將大量糧食投入生物燃料生產。自二〇〇六年以來，國際原油價格大幅飆升。作為世界最大的能源消費國，美國二〇〇七年底通過的新能源法案鼓勵大幅增加生物燃料的使用量，預定到二〇二二年增至三百六十億加侖。美國農業部預計，今後幾年美國玉米產量的三分之一將用於乙醇生產。汽車與人爭吃糧食的現象正愈演愈烈。聯合國糧農組織專家齊格勒曾經警告說，一些國家將糧食轉化為燃料的做法是一種「反人類罪」。他認為，農業作物應該首先用來應對饑餓現象，而不是生產生物燃料，美國等國把數千萬噸玉米、大豆轉化成乙醇燃料對貧困人口來說絕對是場災難。國際貨幣基金組織首席經濟學家西蒙．詹森呼籲，有關國家需要重新考慮生物燃料計畫。

富國補貼禍害窮國

美國和歐盟等發達經濟體對農業的大量補貼，一直是世界農業和糧食問題的主要癥結之一。從二〇〇二美國通過的為期五年的農業法案來看，美國每年對農業的補貼高達數百億美元。歐盟也不例外。在世界貿易組織多哈回合談判中，美國和歐盟等發達經濟體堅持高額農業補貼政策，與發展中國家唱起對臺戲，導致多哈回合談判陷入僵局。

富國的高額農業補貼對發展中國家的農業生產形成巨大衝擊，惡化了他們的貿易條件，甚至使貧窮的農業國家越來越窮困。以亞洲為例，亞洲國家曾盛產大豆、花生、葵花籽等油料作物。一九九五年以來，美國農場主靠政府巨額補貼廉價出口大豆。國際市場大豆價格持續走低，令亞洲豆農苦不堪言。這種不公平競爭的結果是，亞洲大豆生產逐步萎縮，一些大豆出口國變成進口國。全球大豆的生產中心也由亞洲地區轉移到以美國、巴西和阿根廷為主的美洲地區。

非洲聯盟委員會主席科納雷曾指出，「富國對農業的補貼是發展的障礙，它削弱我們的經濟，讓我們的農民變得越來越窮」。他說，農業是帶領非洲走出貧困的唯一途徑，現在卻遭受富國產品入侵的毀滅。世貿組織總幹事拉米在談及目前的糧食危機時也承認，富國的農業補貼扭曲了農產品貿易，傷害發展中國家的糧食生產。

農產品價格高漲使農業出口大國美國受益匪淺。美國農業部長謝弗預計，美國二〇〇八財政年度的農業出口額預計將達到創紀錄的一千零一十億美元，比二〇〇七年增加一百九十億美元。

市場投機扭曲價格

當前，西方資本主義國家的經濟結構正發生深刻變化。英國《金融時報》專欄作家馬丁・沃爾夫指出：「如今，全球化擊敗地方主義，投機商戰勝企業管理者，金融家征服生產者。我們正目睹二十世紀中期的管理資本主義向全球金融資本主義轉變。」

二〇〇八年五月三日，聯合國環境署主要負責人斯坦尼（Achim Steiner）在聯合國糧食峰會期間表示：「今時今日，地球上仍有足夠的糧食使每個人吃飽，問題在於市場投機者太多。」斯坦尼指出，數以百萬計的人們突然發現他們無法負擔賴以為生的糧食，這主要是因為市場的投機行為。

日本京都大學教授佐伯啟思也認為，當前世界經濟正從「實物經濟」向運用投機資本致富的「金融經濟」轉型。他指出，「在發達國家，『實物經濟』層面的經濟活動趨於飽和，同時在急速的全球化進程中，又跟擁有廉價勞動力的發展中國家進行成本競爭，『實物經濟』已經缺乏獲得充分利潤的機會，它們只能依靠投機性金融泡沫維持景氣。」他批判道：「在房地產泡沫之後，過剩的全球化資本把目標轉向資源和糧食為主的商品投機，這對經濟活動而言是本末倒置的行為。」

美聯儲為應對次貸危機連續降息，釋放出大量「熱錢」，由於美國股市低迷和美元疲軟，投機資金對大宗商品的炒作吸引更多逐利資金流入。根據花旗銀行二〇〇八年四月初的一份研究報告，今年一季度有七百億美元新增資金流入包括石油、金屬和農產品在內的大宗商品市場。農產品期貨價格出現飆漲和劇烈波動。今年以來，涵蓋二十六種農礦產品的大宗商品指數上漲了百分之二十，而包括五百家成分股的標準普爾指數下跌了百分之七，可以看出大宗商品市場具有明顯的「高收益率」。

投機資金通常借助於一些題材瘋狂炒作，不達極致不甘休。在美國農業部連續數月預測美國小麥庫存將降至六十年來新低時，小麥價格飆升，二〇〇八年二月份明尼阿波利斯穀物交易所的春小麥期貨合約曾經出現連續十一個交易日漲停的「壯觀」行情；在市場傳言中國春節前後雪災造成植物油短缺的背景下，芝加哥大豆期貨屢創新高；當前國際大米供應吃緊，世界最大稻米進口國菲律賓被迫赴美國市場大宗採購大米，芝加哥糙米期貨價格在四月份不斷刷新紀錄。

根據美國農業部公布的資料，二〇〇七年美國玉米、大豆和小麥三種農作物的產值達到九百二十六億美元。美國也是上述三種糧食作物最大的出口國，而其產值的一半被農產品期貨買家持有。據從事諮詢服務的芝加哥農業資源公司統計，二〇〇七年十一月份以來，對農產品期貨市場的投資已從二百五十億美元猛增至六百五十億美元。可以說，華爾街的投機家正是世界上最大的糧食囤積居奇者。在投機資金將大豆等農產品價格連續炒作至歷史高位之後，發展中國家的進口成本倍增，消費者最終埋單，收入微薄的窮人則可能陷入忍饑挨餓的境地。

錯誤政策方針

聯合國新任食物權問題特別報告員奧利維耶·德許特二〇〇八年五月二日上任第一天提出觀點，認為糧食價格上漲所導致的危機源於過去二十年一系列錯誤政策。

德許特說「我們正在為過去二十年的錯誤付出代價。雖然可以預見投資者在股市疲軟時可能轉向初級產品市場，但國際社會沒有為阻止針對這類市場的投機活動採取措施。」他認定，國際社會沒能預見高糧價近期引發的社會動盪，這「不可原諒」。

他指責世界銀行和國際貨幣基金組織「嚴重低估投資農業的必要性」。這兩個官方金融機構中，國際貨幣基金組織迫使承受國際債務負擔的發展中國家以犧牲糧食自給為代價，投資用以出口創匯的農作物。

德許特說，生物燃料推高糧食需求，進而成為推高糧價的一個因素。

「美國和歐洲設定的生物燃料生產目標不負責任，」他說，生物燃料「只服務於極少數遊說者的利益」。

此外，德許特指出，美國孟山都公司和陶氏公司等大企業掌握全球使用最廣泛種子、化肥和除草劑等產品的不少專利權。它們攫取「暴利」，卻讓一些小規模生產者買不起農業生產物質，對農業生產構成制約。

關於如何控制此類現象的發生，德許特說「我們需要考慮改變適用於這類企業的知識產權規則。」

十二、誰是幕後的推手

糧食危機發生後，一些西方國家特別是美國一些政要和媒體嫁禍於中國和印度等新興經濟體國家，指責這些國家的居民食品結構升級，吃肉太多，消耗了大量飼料糧，造成世界糧食短缺。更有甚者，有的美國媒體還散布「中國糧食威脅論」。事實證明，這是一種十分荒謬的「海外奇談」。僅就糧食消費而言，美國是世界上人均消費糧食和人均吃肉最多的國家之一，而中國的人均糧、肉消費是在世界平均線以下。

統計資料表明，二〇〇七年，美國人均消費糧食達一千零四十六公斤，分別是印度和中國的六倍和三倍；美國人均年消費各種肉類超過一百二十公斤，也是中國和印度的好幾倍。就中國而言，糧食自給率在百分之九十五以上，每年進口少量糧食主要為了調劑糧食口味和補充飼料，因此，中國對世界糧食危機並未造成實質性的影響。

到底是什麼原因致使糧食危機爆發的呢？各國家乃至聯合國研究人員在危機爆發後就其原因進行探索，結果表明，當前這場世界糧食危機爆發的原因除了汽車「吃」糧擴大需求、富國補貼禍害窮國、市場投機扭曲價格、錯誤政策方針外，還有人禍的原因，而人禍的主要推手是美國。

美國的糧食政治與糧食武器

近年來，產業資本主導了世界農業生產和食物體系，使食物失去其本身的屬性，不斷地被商品化和政治化。在食物商品化和政治化的雙重作用下，美國農民從食物消費中所得的利益分配，已經微乎其微。

中國人民大學農業與農村發展學院副教授周立在調查美國消費者在食物上的花費時發現，消費者在食物上的花費越來越多，而農民得到的食物價值卻越來越少。例如，以一九七〇年不變美元計算，美國消費者在食物上的花費在二〇〇〇年超過了一九七〇年的百分之三十。但是，三十年間增長的這三十個百分點食物消費，不僅沒有轉化為農民的收益，農民在這一過程中，收益反而在大幅度下降。在二〇〇〇年，美國農民獲得的收益不足一九七〇年的百分之八十。兩相比較，差距擴大為五十個百分點。

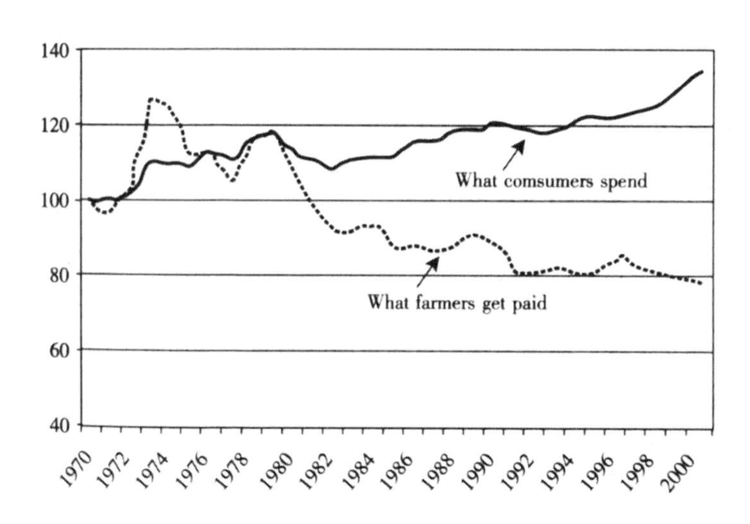

美國食物支出與農民收入的剪刀差（1970-2000）

注：資料來源於美國農業部經濟研究服務部

食物花費都並非給了農民，這意味著，伴隨越來越多的金錢移入全球食物體系，農民所得到的金錢，卻不斷地受擠壓而減少。前加拿大國家農民聯合會主席 Nettie Wiebe 說：「當全社會對食物的原材料生產大打折扣時，這只是對農民大打折扣，甚至視其毫無價值的第一步」。

雖然食物商品化和政治化也帶來農民的內部分化，但作為一個整體，農民被擠壓到食物利益分配的邊緣，這是美國推行所謂的現代農業必然出現的現象。這一資本主導型食物利益分配模式，通過農產品貿易的自由化和國際化，逐漸擴充到全球的每個角落，使得各國本來相對獨立的農業生產體系和食物經銷體系，被簡單的複製和模仿。實際上，美國現代農業的主要標誌——規模化種植、產業化經營，與美國人少地多、資本充裕和國內能源價格低廉的基本國情和國家戰略相適應，而絕大多數發展中國家，並沒有任何模仿美國的資源條件、資本條件和能源條件。可是，伴隨資本雇傭勞動體系的擴展，以及食物商品化和政治化的推進，美國的糧食體系和糧食政治逐漸結合，形成了一個強大的世界系統，這一系統致力於使世界各國相對獨立的食物體系，被美國為首的少數國家整合為一個單一的、以資本控制的食物體系。最終，產業資本又和國家政治相結合，合力營造出一個龐大的食物帝國。這一食物帝國，不僅通過市場擴張，還通過價值重塑和政治談判，誘使甚至迫使各國模仿美國的農業模式與食物體系。

從二戰以來，世界各國已經陸陸續續在農業補貼、糧食援助、農產品自由貿易等食物帝國擴展方式下，因其農業生產體系和食物產銷體系無法獨立生存，而淪為這一食物帝國的附庸，從而喪失國家最基本的公共物品——糧食的主導權。很自然地，國家安全和人民健康，都將由這一食物帝國支配。

美國糧食政策的根本目的是壟斷和操縱世界糧食市場，最大限度地促進其國家利益。它除了利用糧食槓桿影響發展中國家的政策外，在經濟上也大發糧食危機之財。儘管美國近年耗費大量糧食於生產生物燃料上，糧食出口有所減少，但高糧價使其出口收入不減反增。二〇〇七年，其糧食出口收入達一千零一十億美元，比二〇〇六年淨增一百九十億美元，增幅達百分之十九。美國的大型糧食公司更是大獲其利。如孟山都公司從二〇〇七年十二月至二〇〇八年二月的短短三個月中，淨收入增加了一倍多。

由此可見，美國對當前爆發的世界糧食危機負有重大責任。有的國際評論認為，美國是造成糧食危機的「罪魁禍首」。

美國放任全球氣候變暖導致糧食短缺

多年來，儘管世界人口增加較快，但隨著農業科技和耕作水準的提高，糧食產量增長一般高於人口增長，全球糧食供給和需求之間保持總體平衡並略有節餘，世界糧價因而保持在相對穩定的較低水準上。現在全球糧食供需平衡被打破，糧食短缺，糧價高企，大範圍的糧食危機爆發。其原因是多方面的，主因之一是全球溫室效應加劇對農業生產的災難性衝擊。

溫室效應使地球變暖，從而致使冰川——農業灌溉用淡水的主要來源加速融化。現在，南北兩極冰架先後斷裂，冰層大幅縮小。其他冰川地帶的冰層融速也在加快。據統計，二〇〇五年至二〇〇六年的融速比二〇〇四年至二〇〇五年的融速快一倍。二〇〇六年地球冰川平均厚度減少一．

五米，而二〇〇五年只減少〇・五米。

地球上淡水大規模融化，因而造成地下水位下降，土地沙漠化、鹽鹼化嚴重。並且氣候變暖利於各種害蟲繁育滋生，對糧食生產帶來危害。

受溫室效應衝擊，世界糧食生產出現下降趨勢。二〇〇六年全球糧食產量比二〇〇五年減少一千四百萬噸，減幅達百分之二・三，其中低緯度的發展中國家受打擊最大。

據統計，美國是世界溫室氣體的最大排放國和國際社會減輕全球溫室效應的主要障礙。美國人口只佔世界百分之五，溫室氣體排放量卻佔世界百分之二十五，人均年排放二十噸，是中國的七倍。美國作為地球溫室效應的主要責任者，為了一己之私，它拒絕《京都議定書》規定的起碼減排義務，使國際社會緩解溫室效應的努力不能奏效。它的所作所為是全球溫室效應形成和加劇的主要因素之一。

美國發展生物燃料導致世界農產品價格暴漲

二〇〇五年八月，美國總統簽署《能源政策法案》，在美國政府財政扶持下，生物能源成為美國新型產業。當時，多數人認為用糧食生產能源成本過高，短期不會有太大的前景。至於生物能源產業的出現會對世界經濟產生何等影響，經濟學家們幾乎一無所知。但在隨後的兩年多時間裏，石油價格狂漲三倍。美元貶值和石油價格飆升，使生物能源產業變得前途無量。

統計資料表明，截至二〇〇八年四月，美國已經建成一百一十四家乙醇提煉廠，還有八十家工廠正在建設中。二〇〇六年美國乙醇產量超過五十億加侖，比二〇〇五年增加了四分之一。二〇〇六年，美國投入四千兩百萬噸玉米生產乙醇，按照全球平均食品消費水準計算，足可以滿足一・三五億人口整整一年的食品消耗。有關專家預測，按照新能源法，到二〇二二年，美國生產一百五十億加侖乙醇需一・八億噸玉米，足夠五・八億人口吃一年。

美國能源署官員稱，今後相當長時間內，玉米仍將是美國乙醇生產的主要原料。由於美國的乙醇戰略，美國玉米價格翻倍上揚，創下十年新高。據預測，未來幾年美國玉米價格有望再創新高，影響了消費者的利益。而玉米在食品中應用廣泛，也是重要的飼料，包括玉米在內的糧食價格的漲勢必引發食品價格的連鎖反應。

國際糧食政策研究所所長范布倫說，糧食的價格正在上漲，可能還會繼續上漲很多。他強調說，用於生產麵包的糧食價格可能上漲百分之三十～百分之五十，豆類和植物油種子可能上漲百分之六十～百分之八十。目前，全世界大約有十五億人每天只能花費一美元，其中一半以上是用來購買食物的。如果食物價格上漲百分之五十～百分之八十，很多人將會陷於饑餓之中。

雖然美國政府給每加侖乙醇提供五十一美分的補貼，但現在美國的乙醇生產廠商仍處於賠本經營狀態。

美國聲稱要通過生產乙醇來實現能源獨立，但目前利用糧食提煉乙醇僅能滿足百分之三的汽車動力需求，即使把美國出產的全部糧食都用來製造乙醇，提供的燃料也僅能滿足美國百分之十八的需要。儘管乙醇生產是賠本生意且實際上無法滿足其能源自足的目標，但美國政府仍然全力推動乙醇生產，這是因為乙醇戰略對美國維持超級強國地位有利。

美國是世界第一農業大國，有大量土地可以用來生產農產品和乙醇，把多餘的糧食轉化為燃料有利於減少美國對中東石油的依賴，該戰略對美國總體有利，但卻傷害到缺糧的國家。提高農產品價格雖也造成美國通膨，但卻可降低美國的農業補貼，從而降低美國政府的高額赤字。糧食漲價對糧食進口國傷害更大，因此美國的乙醇戰略實際上是損人利己的一招，雖不能真正實現能源獨立的目標，但卻可相對提高美國的重要性。

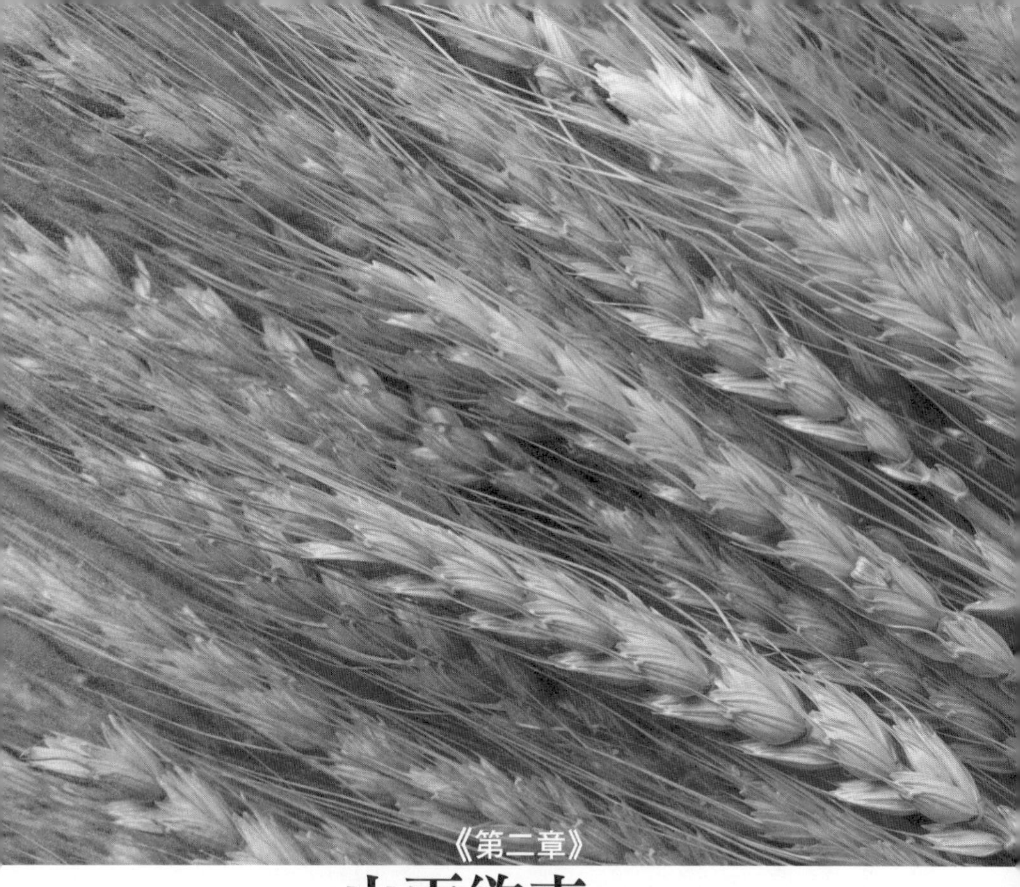

《第二章》

山雨欲來——各國紛紛出招救市危機

一、日韓加緊拓展海外農場

面對瘋狂的糧食危機，大多數國家採取限制出口、控制國民購糧數量的措施，例如，美國的超市開始限制顧客購買大米的數量，巴基斯坦重新推出早已廢棄的定量供應卡制度，糧食出口大國哈薩克斯坦表示要完全禁止糧食出口。和這些國家應對糧食危機的方法相比，日韓採取的保護措施截然不同，他們通過拓展海外農場促進本國糧食安全。《泰晤士報》說，「日本已擁有超過國內農田三倍的海外農田，首爾也渴望實現同樣目標」。

日本和韓國的糧食主要通過進口，在世界上，韓國是第五大糧食進口國。據統計，二〇〇七年韓國四分之三的糧食依賴進口，每年進口糧食大約為一千四百萬噸。

面對龐大的進口量，韓國嘗試去海外開拓農場，以減少本國為進口糧食所支出的費用。據資料顯示，一九七八年八月，為實施大米增產項目，韓國政府在阿根廷購買了二萬多公頃土地，但由於未對土地系統調查以及因缺乏資金使土地荒廢近三十年，結果不太樂觀。

糧食危機暴發後，韓國又緊密鑼鼓地開始開拓海外農場。韓國媒體統計報導，截至二〇〇七年底，相繼有二十九家韓國公司走出國門赴俄羅斯、蒙古、中國、中亞、東南亞、澳大利亞墾田，但目前已有近半數企業撤出當地，其中進軍蒙古、中亞和澳大利亞的企業全部撤出。十二家進駐俄羅斯邊疆區的企業如今只剩現代重工等五家企業和宗教文化團體堅守，擁有數百公頃到數萬公頃面積不等的農田。據韓國農林水產食品部負責人介紹，如果不對相關土地的經濟性進行徹底調查，項目就會失去推進的持續性。不能拿下一塊土地就盲目進駐，各企業應考慮自身需要，重要的是實現農田和種植作物的最佳結合。

二〇〇八年四月，韓國以無償援助的方式在蒙古獲得了二十七萬公頃的土地。這是迄今韓國海外墾田所取得的最大成果。主管該項目的國際協作團決定從二〇〇八年到二〇一〇年向蒙古提供兩百萬美元的無償援助。平均下來，每公頃土地年租金為七十六美分，租借期限為五十年（可延長至一百年），韓國政府還將用農田管理基金向進駐企業提供支持。不過，由於農場距蒙古首都烏蘭巴托有一千公里，鐵路等運輸設施不足。韓國政府一位負責人表示：「考慮到企業赴當地調查、種植等所需要的時間，蒙古項目短期內很難取得成果。」

令韓國政府感到欣慰的是，經過多年經營，韓國企業在俄羅斯邊疆區墾荒取得了一定成績。目前有近三十萬公頃農田，相當於韓國耕地的六分之一。生產的無公害大米受到韓國消費者歡迎。東南亞和俄羅斯邊疆區是韓國建立海外糧食基地的最佳候選地。不過，韓國農協首席研究員安相敦表示：「日本對韓國建海外糧食基地很敏感，韓國將不可避免地在世界各國與日本展開競爭。韓國企業可以進軍緬甸、泰國、柬埔寨等日本企業較少進入的國家以及與韓國鄰近的俄羅斯邊疆區。」

二〇〇八年四月十五日，韓國總統李明博在赴美訪問途中在專機上召開記者招待會，專門提到「建立海外糧食基地」問題。李明博說：「如果可能的話，有必要研究長期租借糧食一年兩熟和三熟的東南亞國家的土地，生產大米和穀物並在當地生產飼料等產品。可以長期租借俄羅斯邊疆區的土地三十～五十年。」韓國媒體有報導說，李明博曾當過柬埔寨首相洪森的經濟顧問，柬埔寨對韓國很信任，韓國政府將以為柬埔寨建設水渠等社會間接資本的方式，獲得五十年土地租借權以建立糧食基地。四月十七日，一名韓國政府高級官員表示：「柬埔寨氣候和土地情況適合大量種植水稻，並且與中國接近，是最有希望的糧食資源地和大規模農業開發的橋頭堡。」

日本和韓國一樣，日本在美洲的土地開發很早就為人所關注。早在一八九九年，一家由日本官方資助的公司向秘魯派出農場工人，這是日本有組織地在拉美農業殖民的開始。一九〇八年，日本人在巴西展開類似活動。之後，日本東棉株式會社和巴西殖民合作組織合作在亞馬遜河谷和聖保羅建立了農業聚居區。一九一七年，日本政府成立專門協調在拉美殖民活動的機構，並在上世紀二三十年代就將目光投向哥倫比亞和巴拉圭。此後的日本又在東南亞建了農場，八〇年代將墾荒範圍延至中國等地。現在日本與巴西、阿根廷、俄羅斯、烏克蘭、中國、印尼、紐西蘭、美國等地的農場簽訂了玉米等飼料作物種植協議。日本在世界各地擁有一千兩百萬公頃農田，相當於日本國內農田面積的三倍左右。這些殖民點設立的目的之一就是為日本市場提供產品。

日本拓展海外農場有兩大特點：一是與當地人聯營。日本幾乎沒有完全獨資的農場，大部分以共同出資的方式與當地人聯合經營。外國提供土地，日本農民或者企業提供資本和技術。在投資比例上，外國政府以提供土地等方式出資百分之五十一，日本以提供農業機械、基礎設施的方式出資百分之四十九。

二是日本不直接在海外農場種植玉米、大豆等需求量大的作物，而是通過與當地農戶簽訂購買合約的方式來確保供應。由於直接經營農場收益低，從上世紀七〇年代開始，以日本全國農協聯合會和綜合商社為中心，在當地購買穀物然後直接出口到日本。這種方式其實與日本確保海外石油供應的手法有很大的相似之處。日本大石油公司就是與中東產油大國簽訂共同開發協定，獲得油田的部分股權，掌握上流油源，保障日本國內的能源供應。可以說，無論是在石油、金屬還是在糧食這些重要戰略物資上，日本採取的手法都是相似的。

就在其他媒體熱炒糧價上漲之際，《日本農業新聞》的一條消息令日本百姓感十分欣慰：三井物產在巴西投資一百億日圓，插手巨大農場的經營。據報導，該農場面積達十萬公頃，除種植玉米和棉花外，僅黃豆的種植面積就有二・七萬公頃，而目前日本全國黃豆種植面積只有十四萬公頃，遠不能滿足需要。負責這一項目的是三井物產「食料零售本部」。在接受《環球時報》記者採訪時，三井物產的工作人員說，他們為決定到巴西投資農場準備了很長時間，對投資結果、風險等各種因素進行分析，與合資對象具有良好合作關係。

接受《環球時報》記者採訪時，日本農林水產省食品安全保障科的青井先生說，對三井物產在海外直接經營農場一事，政府是抱支持態度的，可考慮今後為促進企業在海外經營農場增加預算。

記者採訪了解到，二〇〇七年八月三井物產首先購買一家瑞典公司百分之二十五的股份，該公司的子公司「MULTIGRAINS.A.」專門在巴西從事以黃豆為主的農產品貿易，這樣保證了三井公司在貿易出口上的主動權。此後，三井物產又獲得在巴西經營農田生產的公司「XINGU AG」的股份，「XINGU AG」公司的一家子公司在巴西擁有土地，並專門從事農業生產。三井通過股份轉讓把「XINGU AG」完全變成了上述瑞典公司的子公司。這樣三井物產不僅掌握了糧食的出口管道，也掌握了生產自主權。三井物產稱，這等於是邁出該公司在巴西參與農業生產的第一步。

根據巴西媒體的資料，目前巴西可耕地面積為二・八億公頃，其中已耕種的僅有五分之一左右。三井物產認為，巴西是理想的投資地。日本《東洋經濟周刊》題為「食品戰爭」的文章說，「對三井物產的舉動，競爭對手的管理人員認為，糧食種植的投資很複雜……但不管怎麼說，在進入糧食戰爭的現在，確保擁有一定農田意義十分重大。」

韓國《首爾經濟》的文章稱，日本上世紀四〇年代在東南亞建了農場，八〇年代將墾荒範圍延至中國等地。現在日本與巴西、阿根廷、俄羅斯、烏克蘭、中國、印尼、紐西蘭、美國等地的農場簽訂了玉米等飼料作物種植協議。《朝鮮日報》二〇〇八年三月四日的文章說，「日本在世界各地擁有一千兩百萬公頃農田，相當於日本國內農田面積的三倍左右」。

二〇〇六年，日本筑波大學生命與環境科學學院等公布的一份報告稱，「作為日本的一個重要食品來源地，中國可以說成了日本的農場」。報告說，一九八五年「廣場協議」簽訂後，許多日本食品企業投資中國，加工農產品並重新出口到日本。從一九八五年到二〇〇三年，日本食品企業在中國共開設了三百一十家分支機構，其對華食品投資分布於中國的二十個省市。

韓國《首爾經濟》也曾不無羨慕地介紹日本對海外農場開發的優惠政策，稱日本農林水產省下設有海外農業開發協會，每年可獲得政府預算用以開發海外農場。此外，如日本民間企業有意投資海外農業，投資環境調查費用的百分之五十由國庫提供。日本政府每年還發行四期《海外農業開發》，向企業提供海外農業投資資訊。

當然，從某種意義上說，海外拓展農場的方式可以緩解糧食壓力，保障國民的生活，但在「屯田」的背後，也會存在一些想像不到的問題。海外糧食生產涉及到的難題有很多，比如所在國是否願意將生產出的糧食出口，當前糧食危機最嚴重的反而是在一些不太發達的國家，這些國家也希望保證糧食的供應，這樣就很容易出現所在國人民與投資屯田的國家之間的矛盾，屯田的目標要想順利達到並不容易。

同時，現在石油價格高漲，糧食的運輸幾乎要靠海運，海運的燃料費用將會轉嫁到糧價之上，要想達到保證「低價糧食供應」的目的，可能會適得其反。這些海外屯田生產的糧食到達本土之後，有可能反而比國內生產的糧食價格更貴。

因此，解決現在糧食供需矛盾的最佳方法，仍是在國內進行生產調整，保證各種糧食品種的平衡種植與供給。

二、日本鼓勵國民多吃大米

面對糧食價格高漲引起的世界範圍抗議和騷亂現象，日本政府除了鼓勵企業開拓海外農場外，還建議國民「多吃米飯」，以此來緩解糧價上漲帶來的壓力。

日本之所以建議國民多吃大米，這是因為日本擁有一個近乎自給自足的大米市場。該國出產的稻米量超過需求。英國《泰晤士報》從日本政府多名消息人士處得悉，美國政府已批准日方出口這些對日本來說是多餘的美國米。

日本大米量過剩，在某種程度上世界貿易組織（WTO）是始作俑者。世貿有一項規定，要求日本不論有否需要，都必須年年進口大米。而日本為了保護國內的農業，就將進口米存倉，待變壞時再當做餵豬餵雞的飼料出售，十分浪費。有見及此，糧食專家都促請美日雙方要扭轉這股「隱形歪風」。

來自美國華盛頓的全球發展中心表示，這種不合理的做法如果得以終止，一百五十萬噸的美國優質米就可從日本的米倉中釋放出來，轉瞬間就能緩解大米危機。

就糧食自給率而言，日本的糧食自給率為百分之三十九，按照日本官方的統計，日本百分之六十多的糧食依靠海外市場供應，百分之十八．三來自中國，百分之二十二．二依靠美國。如果光從糧食自給率著眼，似乎日本真有陷入糧荒的可能。但是糧食的種類有很多種，對日本來說，這個百分之三十九的低自給率，更多的是日本自己的政策失誤所致。日本人對本國生產的大米有一種近乎偏執的喜愛，日本農民也主要種植大米。戰後自民黨政府為了博取農民的選票，對日本的大米生產採取了「溺愛」的政策，高價收購，用財政進行補貼，然後再賣出。這樣的補貼方式，促使農民大量生產大米，從中獲得可觀的收入。

因此，長期以來，日本的大米生產供過於求，而其他農產品的生產則長期處於萎靡不振的狀況。日本的小麥、大豆和家畜飼料的進口依存度一直很高。據日本媒體透露，包括民間庫存在內，日本的穀物儲備只能滿足全國一到兩個月的需求。目前，日本自給率最多只有百分之十三的小麥儲備量，約相當於二到三個月的需求。自給率為百分之二十五的大豆儲備約為一個月，其中政府儲備僅佔半個月。全部依靠進口的飼料用穀物儲備為兩個月，政府儲備佔一個月。

日本糧食自給率偏低，主要是上述這三類農產品的自給率偏低。而當前的糧食危機主要體現在大米上，對於日本而言，這種衝擊其實是很有限的，還達不到讓日本人挨餓的地步。因此，在國際糧價幾乎漲了兩倍時，日本國內的大米價格卻保持穩定。在這種情況下，日本政府反而擔心民眾越來越不愛吃米飯，改吃麵食，以致小麥進口量與日俱增，使日本糧食自產率降到百分之三十九，在工業大國中排尾，因此，在隨著近來糧食價格上升和供應下降的情況下，日本政府的因應方式卻似乎反其道而行之：鼓勵國民多吃米飯。

如果將日本人對小麥的需求轉化為對大米的需求，勢必對國際糧價產生影響，因為日本是世界第四大小麥進口國，本財年計畫進口約五百萬噸小麥。

由於許多消費者不大可能放棄麵條或麵包，日本農業省一名官員表示，農業省將以補貼形式鼓勵農民和磨坊主用大米磨粉，替代麵粉。儘管米粉比小麥粉要貴，但還是可能受到消費者的歡迎。

早前，農林水產省發表白皮書，促請政府為糧食保障制定具體措施，宣傳購買國產糧食，振興農業，以及宣傳杜絕浪費的飲食習慣。日本現正敦促國民多吃國產食物，以在二〇一五年前將糧食自給自足率增至百分之四十五，但消費者始終抗拒放棄食用麵包和麵條的習慣。經濟師也指出，農民年齡老化，較少年輕人投身農業工作，要達到目標似乎很困難。不過，日本當地農民和澳大利亞經濟學家都認為，只有當農業成為勞動者樂意從事的行業，糧食的自給自足才能實現。

提高大米消費量可以提高日本糧食的自給率，目前這一比例下滑至百分之三十九，是主要發達國家中最低的，同時引起政府對糧食安全問題的擔憂。

日本農林省新成立的促進國內糧食消費部門負責人 Hiroyuki Suematsu 稱，日本糧食自給率下降的原因是人們食用大米的量減少。「過去一年每個人平均吃掉一百二十公斤大米，但現在只有六十公斤了。」Suematsu 說：「並且，日本糧食的浪費現象比較嚴重。日本農林省曾對個別城市的糧食浪費現象進行過調查，推算出日本普通家庭每年要扔掉剩餘飯菜大約三百四十萬噸。按一九九六年的統計數字，日本全國一年的食品純供應量為六千四百六十八萬噸。也就是說，其中有大約百分之五．二的食品被浪費掉了，比例相當驚人。因此，要想提高糧食自給率，國民就要多吃大米，並減少浪費現象。」

在大米過剩的日本，鼓勵國民多吃大米，無疑在降低小麥的消耗量和減少因購買小麥所支出的費用具有一定的緩解作用。

三、越南限制米出口

能源和肥料成本增加、全球糧食需求上升、乾旱、生物燃料需求增長、工業用地和城市用地擠佔農業用地、價格投機等原因致使世界糧食價格一漲再漲。

當全球大米瘋漲時，世界大米生產國的農民和出口商大多因為糧食價格迅速上漲而受益，但是這些國家國內的消費者卻蒙受負面影響。為了防止商人哄抬糧價，越南食品協會就越南二〇〇八年註冊的大米出口合約制定了新規定。根據規定，二〇〇八年上半年越南出口商可以註冊的大米出口額不能超過二〇〇六年和二〇〇七年平均出口額的百分之五十，此外，出口商還必須確保擁有註冊出口額百分之五十的存貨。

據VOA News報導，越南總理阮晉勇在二〇〇八年三月份宣布，越南今年的大米出口量控制在三百五十萬噸以內，比二〇〇七年少一百萬噸。官方大約估計，今年一季度，越南可能已經出口八十五．九萬噸大米，價值三．六六億美元。出口量同比增長百分之五．三，出口價值增長百分之四十三。二〇〇七年越南出口四百五十萬噸大米，價值十四．五四億美元。出口量同比減少百分之三．一，價值增長百分之十三．九。

阮晉勇說：「在二〇〇八年九月底之前，越南可能只出口三百二十萬噸大米。越南必須限制大米出口，確保國內糧食安全，阻止價格進一步上漲。政府已經要求財政部考慮實施大米出口關稅。

但目前越南免收大米出口關稅。」這是越南總理自二〇〇八年以來第一次調整大米出口配額。

同時，在減少大米出口量方面，越南政府作了一個長期規劃。越南計畫在二〇一〇年前長期減少大米出口。作為世界第二大大米出口國，到二〇一五年，越南可能將大米年出口量控制在四百三十萬噸，到二〇二〇年則會控制在三百八十萬噸。越南政府認為，減少穀物的國外銷售量，將有效緩解越南不斷增長的人口和由自然災害、害蟲及惡劣天氣等因素引起的穀物欠收之間的不平衡。負責大米出口的政府官員稱，這一內容涉及出口的長期計畫，尚處於計畫階段。

越南政府雖然採取限制大米出口的政策，但在外界謠言和糧食大幅度增長的情形下，二〇〇八年四月二十六日，胡志明市數千名消費者在周末瘋狂搶購大米，一些居民和餐館經營者把十公斤袋裝大米用摩托車運回家。

在消費者的搶購熱潮下，不少超市和商店的大米迅速售空，因此一些連鎖超市採取限購措施，規定每名消費者最多購買一袋大米，並且米價又進一步上漲。在二十六日上午短短幾個小時內，不少店鋪的米價從每公斤一萬越南盾（約合六十三美分）上漲至一．八萬盾（一．一三美元）。

和胡志明市相比，越南西南部一些市鎮，包括位於湄公河三角洲的芹苴市，米價上漲速度較快。搶購熱潮讓一些批發商開始進行市場投機，趁機囤積糧食，導致一些買不到米的消費者轉而搶購麵條，繼而又讓人們擔憂糧食短缺，加劇了搶購風潮。

針對搶購大米現象，越南總理阮晉勇四月二十八日向越南人民說，作為世界第二大糧食出口國，越南擁有充足糧食儲備。他向政府官員和市民保證：「在二〇〇八年，國家大米產量完全可以滿足國內消費，並且部分大米可供出口。」

而針對一些投機者的囤糧惜售行為，阮晉勇說，越南政府「嚴格禁止不具備食品經營資格的組織和個人出於投機目的購買稻穀和大米，哄抬糧價的投機商將受到嚴厲處罰。」

同時，越南政府作出新的規定：在二〇〇八年六月底以前將不再簽署新的大米出口合約，以保障國內糧食安全，抑制通貨膨脹。但對已簽署的合約，越南政府仍將履行，包括向菲律賓等大米短缺國出口。

儘管越南採取限制措施抑制通貨膨脹，但情況仍不樂觀。聯合國開發計畫署駐越南經濟學家喬納森．平卡斯說，越南與大米相關的問題出在價格層面，而非供應層面。越南二〇〇八年頭四個月的消費價格同比增長超過百分之十七，通貨膨脹形勢嚴峻。

「越南是個食品出口國，供應方面不存在問題，」平卡斯說，「問題出在價格上，較高的價格讓工薪階層生活艱難。」

面對通貨膨脹的嚴峻形式，在二〇〇八年，越南政府將糧食問題作為重點解決高通膨問題的一個重要方向。

據悉，年初以來，越南大米出口價格呈現大幅上漲態勢。在二〇〇八年的一月份到二月份，越南出口大米三十八萬噸，價值一．五億美元。出口數量上比二〇〇七年同期上升了百分之四十七，出口價格上則狂漲了百分之七十八。每噸的價格在四百美元左右。到三月漲至每噸四百六十美元。而近前向菲律賓出口大米的企業，其最新合約售價已達到每噸七百五十美元。

出口高糧價的大米，雖然能夠增加越南的外匯收入，但是為了進一步平抑國內的高通膨，在全球糧食狂漲的大好形勢下，越南政府不得不開始限制越南大米的出口。

「企業出口的大米太多了，導致國內糧價的波動。」越南工業與貿易部長在接受越南本地媒體採訪時說。因此，在二〇〇八年六月六日，越南農業部、工業和貿易部、糧食協會聯手向中央政府提交了一個議案，計畫建設一個十萬噸的戰略儲備糧庫。這樣在將來越南國內糧價仍有波動的情況下，可以放出戰略儲備，平抑糧價。

同時，越南政府也開始考慮在大米出口上加稅，並減免國內大米銷售環節上百分之五的增值稅。越南政府正在讓越南農業銀行放貸支持企業增加大米收購，穩定國內稻穀和大米收購價格。

在越南限制大米出口後，一些專家預測此措施會對國際糧價產生影響，針對此問題，聯合國糧農組織助理總幹事兼亞太地區代表何昌垂在二〇〇八年六月二十日接受記者採訪時，說：「越南的經濟對糧食問題會有心理影響，但如果認為其將影響國際糧價，這樣說就牽強了。」

越南是世界第二大的大米出口國，與泰國、印度一起佔全球大米出口貿易量的百分之六十。越南經濟在連續數月亮起紅燈後，通貨膨脹狀況隨即在五月份創出十六年新高，嚴峻的通膨現象令專家們憂心忡忡，擔心由此引發糧價上漲。對此，何昌垂認為越南經濟總量不是很大，對整個世界經濟的影響不是很顯著。

何昌垂表示，作為僅次於泰國的大米出口國，越南每年對外輸出五百多萬噸大米，其近期的經濟情況對糧食問題起碼會有心理影響，但是不會特別顯著。目前，越南的經濟還沒有影響到大米的生產和出口，將所謂「經濟危機」和國際大米供應聯繫起來是牽強的。

此外，中國有望實現連續五年的夏糧增產。何昌垂認為，這對國際糧食價格的影響將十分正面。至於豐收後是否考慮放鬆出口限制，何昌垂表示，關鍵是看中國能否滿足自身的糧食安全，在確保安全的前提下，糧農組織鼓勵中國出口。

糧農組織上月的一份報告顯示，在對七十七個國家處理糧食問題手法調查後發現，約百分之五十五的國家使用價格控制措施或消費者補貼措施，百分之二十五的政府實施出口限制措施。

在六月五日糧農組織羅馬高級會議後，國際市場上有些糧食的價格出現下降，如大米比二〇〇八年高峰期下跌兩成，但是小麥、玉米的價格卻上漲了。

同樣，越南政府官員在二〇〇八年六月二十七日表示，越南已經取消大米出口禁令，這意味國際大米市場供應將有所改善。

該官員表示，越南已經取消了針對簽署大米出口協議而施加的禁令，但僅批准限定數量的出口合約，因為政府已將今年頭九個月的大米出口上限定為三百五十萬噸。越南工貿部同時規定大米離岸價格不得低於每噸八百美元。

這是第二個取消出口禁令的主要大米生產國，柬埔寨於五月宣布恢復大米出口。

專家分析，越南解除禁令有望使大米價格回緩，並增加亞洲的糧食供應。但交易員仍表示，儘管越南湄公河三角洲預計下個月將迎來收割高峰，但米價不會大幅下滑，因為印度仍然禁止稻米出口，且主要生產國的新供應仍未達到國際市場的要求。

「決定糧價的仍然是供需關係。」何昌垂稱，以玉米為例，其價格上漲說明市場的需求增長，因為對由玉米加工而成的飼料、轉化而成燃料的需求都在增加。

據悉，國際資金部門如世界銀行、IMF、非洲開發銀行等承諾在三年內投入六十五億美元到糧食安全中，一些受到糧食嚴重困擾的國家也借這個勢頭對下一步政策做了調整。不過，何昌垂表示，國際社會每年花在糧食安全的錢要一百五十億～兩百億美元，目前缺口很大，會議上承諾的投入還有不少沒到位。

四、泰國政府出手救糧市

由於多個亞洲國家減少大米出口量，作為全球大米價格基準的泰國大米報價在二〇〇八年三月從每噸五百八十美元漲到了每噸七百六十美元，漲幅超過了百分之三十，達到了二十年來的最高點。泰國米價的大漲無疑對全球糧食價格又是沉重的打擊。作為全球一半人口的日常主食，大米價格上漲牽動人心。而在泰國，稻米供應越來越吃緊，再加上泰銖表現強勁，使得國內大米價格持續大幅上漲。

聯合國糧食及農業組織今年二月就已經警告稱，三十六個國家今年將面臨食物短缺。事實上，今年六月底，全球大米庫存就降至一九八四年以來的最低點，為七千兩百一十萬公噸。泰國米價此次的大漲無疑又加劇了全球糧食價格上漲。

高糧價給人們的生活帶來極大的壓力，為了防止國民因糧食而產生暴動，泰國副總理兼商業部長明寬於二〇〇八年四月一日在曼谷就大米問題向記者透露，泰國內閣會議當天批准商業部的提議，決定以成本價向民眾出售大米，以控制近來國內米價不斷攀升的勢頭。

泰國作為世界大米出口大國，其國內大米銷售形勢備受國際社會關注。據估算，泰國每人每年消費大米一百零五公斤，全國年消耗量為六百六十萬噸。而泰國每年生產的大米超過兩千萬噸，多出部分主要用於出口。由於國際市場大米價格上漲，致使泰國大米出口量直線上升。泰國政府為此決定動用國內儲備糧，平價出售。

明寬透露，泰國現有大米庫存兩百一十萬噸，政府將把其中一部分以成本價格向民眾出售，以防止米商哄抬米價，價格比普通市場便宜百分之十五至百分之二十。他說，預計今年泰國大米總產量將達到兩千零五十萬噸，其中一千一百萬噸將用於國內消費，九百五十萬噸用來出口創匯。

為防止有人將平價米倒賣到市場上獲利，泰國政府要求居民買米時要帶戶口本並登記。當地一些人士還要求政府對大米出口採取限制措施。

儘管泰國政府以平價的方式向民眾出售大米，但泰國國內市場的大米仍然在高漲。據外電報導，泰國大米價格在二〇〇八年四月份首次觸及每噸一千美元的價位，原因是恐慌的進口商爭相獲取供應，加劇本已由越南、印度、埃及、中國和柬埔寨出口限制所引發的供應緊張局面。泰國作為全球第一大米出口國的大米市場行情，在很大程度上表現了國際市場上的大米供應緊張狀況。

大米價格節節攀升，屢創新高的局面引起國際社會的擔憂。自越南、印度等出口大國限制糧食出口後，二〇〇八年四月二十三日，世界銀行（World Bank）高官發出警告說，他們擔心世界最大大米出口國泰國，限制該國主糧出口的壓力將進一步加大，而這也將惡化全球糧食危機。

世界銀行負責東亞與太平洋地區業務的副總裁詹姆士·亞當斯在二十一日指出：「如果一個像泰國一樣的出口國限制對外大米銷售，那麼將與沙烏地阿拉伯削減石油出口的意義完全一樣。」

作為世界一半人口主食的大米的價格，在過去一年當中翻了一倍還要多。芝加哥商品交易所當地時間四月二十二日的交易中，大米價格繼續上漲百分之二·三，至二十四·七四五美元／百磅。亞當斯指出，向全球提供大約三分之一大米出口需求的泰國，或許將效仿其亞洲鄰國，限制對外出口。亞當斯說：「隨著越來越多的國家實施出口限制，泰國所面臨的控制出口的壓力也將日益增強。」

除了大米之外，今年以來，小麥、玉米、大豆以及原油價格也屢屢刷新歷史紀錄。世界糧食計畫署發言人保羅．萊斯利（Paul Risley）在泰國首都曼谷警告說：「儘管櫃檯和貨架上有糧食，但將有一部分人無力購買。」萊斯利表示，大米及小麥價格創新高也增加了救濟機構的成本。世界糧食計畫署向兩千八百萬亞洲人口提供糧食援助。

亞洲開發銀行執行主管雅納格（Rajat Nag）也表示：「在亞洲，主要問題是價格大漲，而不是供應。這對窮人有極大的影響，我們需要關注價格的大幅上揚。」

聯合國世界糧食計畫署（World Food Program）的一名官員也曾表示，隨著全球糧價持續飛漲，居高不下，對於世界最貧窮的人口群落，日常主食或許都將遙不可及。該官員甚至表示，這也加大了亞洲面臨「無聲饑荒」的風險。

創紀錄的高米價正在傷害亞洲最貧窮的普通百姓。今年十三歲的 Pin Oudam 是柬埔寨最貧窮的磅士卑省一所學校的學生，此前他每天可以得到一頓包括米飯、魚肉以及黃豆之內食物的免費早餐。但是自從糧價大幅度上漲後，免費早餐已停止供應。據悉，隨著米價翻倍，合約供應出現違約，世界糧食計畫署已經停止向一千三百四十四所柬埔寨學校運送大米。世界糧食計畫署預測，學校糧食儲備將於五月一日前吃完，四十五萬孩子將面臨饑餓威脅。

塔克哈姆是居住在泰國中部農村的一位普通農民，這裏以前從來沒有發生過犯罪行為。但近來隨著泰國大米價格飛速上漲，這個村莊田中即將收穫的稻田開始陸續出現被偷盜的現象。現在，塔克哈姆和他的同村村民每天都會在稻田中看護水稻。他說：「現在我把狗帶到田邊。我會特別注意狗叫聲，一旦有情況，我就必須馬上行動，以防水稻被盜。」這則報導被國內外媒體廣泛的引用，此現象說明大米高漲對社會帶來的負面影響。

四月二十二日，泰國總理沙馬．順達衛就國際社會人員的擔憂進行了回覆，他表示，在穀類價格屢攀新高之際，泰國將不會對海外出口進行控制。沙馬並強調，政府將不會介入干預，因為這可能會進一步歪曲價格。沙馬認為，限制出口或者開放儲備糧只能應一時之急，並且還可能因一些不法分子倒賣或者鑽政策漏洞而使政策失效，只有通過制定行之有效的行業政策，才能解決目前的「假缺糧」問題。沙馬表示，一旦減少出口，「泰國也將失去世界廚房的美名。」

泰國是世界大米第一大出口國，二〇〇七年共出口大米九百五十五萬噸，創匯三十五．九二億美元。今年以來，國際市場大米需求旺盛、價格持續上漲，泰國大米出口一派紅火。據泰商業部日前公布的資料，僅今年頭四個月，泰國就已經出口四百零七萬噸大米，同比增長達百分之七十四，創匯同比增長百分之六十一。泰國商業部預計，今年泰國大米的出口量將佔國際大米市場至少一半的份額。

在面臨糧食危機時，泰國政府採取積極而有力的行動。二〇〇八年四月三十日，泰國總理沙馬與到訪的緬甸總理登盛舉行會談時提議，泰國、越南、柬埔寨、老撾和緬甸五個大米出口國，可以成立一個類似於石油輸出國組織那樣的大米輸出國組織，以發揮「合力」，從而影響國際米價。但他的提議遭到亞洲開發銀行行長黑田東彥的反對，黑田東彥認為，成立這一組織不僅會損害大米進口國的利益，也無益於大米出口國。

亞洲開發銀行行長黑田東彥五月三日在談到當前糧食問題時說，不應簡單地將亞洲糧食價格大幅上漲歸咎於供應不足，就亞洲整體而言，糧食供應足以滿足需求。他認為，大米價格在過去一段時間裏急速上漲導致的恐慌和搶購，對糧價上漲起了推波助瀾的作用。黑田東彥提醒全球應該為低食品價格時代的結束做好準備。

五、馬來西亞擴大水稻種植面積

當全球糧價高漲時，馬來西亞的麵粉和大米價格也紛紛上揚，並且部分大米品種出現了短缺的情況。

長期以來，馬來西亞人喜歡種植包括棕櫚樹及橡膠樹在內的經濟作物。他們利用經濟作物賺到的錢，再進口一些糧食來補充國內需求。然而，目前的全球糧食危機使得馬來西亞政府不得不調整發展策略，轉而鼓勵農民多種糧食，增加稻米等糧食產量。

大米是馬來西亞最主要的糧食品種，該國政府將大米生產作為確定國家糧食安全的需要保障之一，其目標是大米自給率達到百分之七十。為了應對大米短缺問題，二〇〇八年四月十九日，馬來西亞總理阿卜杜拉．哈吉．艾哈邁德．巴達維宣布，計畫擴大水稻種植區，增加水稻產量，應對糧價上漲造成的糧食安全危機。

巴達維說：「政府計畫在沙勞越州大範圍種植水稻，以使馬來西亞完全實現水稻自給自足。目前，馬來西亞人消費的大米只有百分之六十五到百分之七十產自本國。這項計畫還包括增加水果和蔬菜產量等，資金總投入超過四十億林吉特（約合十二．九億美元）。」

巴達維向國人說，政府已設立一個成員包括私營企業人士和各領域專家的高級委員會，保證已出臺的糧食安全政策能得到有效實施。並且他真切希望，政府、公共部門和民眾能夠合作。

據悉，馬來西亞的糧食安全政策於二〇〇八年四月九日通過，內容涉及增加糧食儲備、擴大糧食種植、設立糧食供應保障機制等問題。

為了解決國內的大米短缺問題，二〇〇八年五月六日，馬來西亞農業和農用工業部長穆斯塔法·穆罕默德來到馬來西亞國家稻米有限公司，讓該公司從七日開始把稻米產量從一·一萬噸增加到二萬噸。並且，政府將撥出八億多林吉特（一美元約合三·一五林吉特）來增加稻米產量，並將在全國開墾十萬公頃的土地作為稻田。同時，政府還將通過法律途徑來確保農田不會被暗地裏轉換成工業及商業用地。

馬來西亞一直以「物美價廉」而聞名，這得益於政府長期以來對部分生活必需品的限價政策，並對這些商品加以大量的補貼。因此，這些商品成為某些犯罪分子走私的目標，他們就活躍在馬來西亞與泰國的邊界上從事糧油的走私活動。而與馬來西亞鄰近的新加坡，由於物價偏高，新加坡人也喜歡在節假日驅車來到馬來西亞採購，並把享受馬來西亞政府補貼的商品帶回國內。

對此，馬來西亞國內貿易和消費事務部與海關等部門聯手，準備在邊界增派警力，加大稽查走私稻米的力度。並且，針對馬來西亞國內市場的限價稻米已開始出現供應短缺的問題，國內貿易和消費事務部與農業和農用工業部商討，考慮要為「限價稻米」加設出口禁令。國內貿易和消費事務部官員六日表示，這一出口禁令還包括禁止鄰近國家的人來馬來西亞採購並把稻米帶回國食用。

為了預防糧食走私，六月十二日，馬來西亞政府擬在全國範圍內大量增派稽查人員，加大打擊走私大米力度，以保障國內糧食供應。

農業部長穆斯塔法·穆罕默德說，政府打算在全國派出兩千名稽查員，打擊大米走私、監控大米價格。目前負責這一工作的人員數量不足一百五十人。

除了擴大水稻種植面積外，馬來西亞政府還計畫擴大番薯等短期收穫農作物的種植，以加強糧食生產，解決糧食自給自足問題。

據馬來西亞媒體報導稱，馬來西亞有關當局在東海岸地區制定了一個一千公頃的農作物種植計畫，種植更多短期收穫農作物，其中包括在吉蘭丹、丁加奴州兩百公頃土地上種植番薯。

穆斯塔法．穆罕默德表示，番薯種植成本低，易生長，馬農業部將加強、擴大和鼓勵番薯的種植，使之成為馬來西亞除大米之外的主要糧食。農業部門官員還表示，有關當局還將為番薯生產建立配套加工廠和銷售管道。

馬來西亞相關官員介紹說，這些地區從二〇〇八年年初就開始陸續種植了馬來西亞二〇〇七年六月培育出的番薯新品種。第一階段，種植兩百公頃番薯的目標是在今後三四個月內，收穫兩千四百噸到四千噸番薯。

在面對糧食危機時，馬來西亞總理巴達維採取多種應對措施。為了因應物價上漲過快，馬來西亞政府還設立了儲備物資，不僅包括白米，還包括其他生活必需品。

巴達維同時要求廢置的土地要重新規劃，用來種植糧食或開展其他經濟活動，以生產出所需的食品。他還要求擁有土地的私人領域和個人，一定要善用土地。用廢置的田地及荒廢的稻田來種植水果、蔬菜、和畜養家禽等。他並要求民眾開始節約，不要浪費糧食。農業與農用工業部長穆斯塔法提醒民眾節儉和避免浪費白米，以確保不會鬧米荒。

除了在國內採取自救措施外，馬來西亞還與東盟國家積極合作，共同抵制糧食短缺問題。

馬來西亞國際貿易與工業部部長幕尤丁表示，在召開的東盟十國經濟部長會議主要討論糧食問題。印尼貿易部部長馮慧蘭說，我們已經討論糧食問題，在原則上我們會互助，這符合東盟精神。據悉，東盟已經建立糧食緊急庫存機制，並存有八萬多噸大米，以因應緊急事件。

六、「糧食 OPEC」

糧食安全是保障國家經濟發展和社會安定的重要條件之一，為了解決糧食危機所帶來的糧食短缺問題，一些國家除了開始接受糧食轉基因外，也提出「糧食 OPEC」的構想。

「糧食 OPEC」的構想始於俄羅斯，在二〇〇七年六月，俄羅斯農業部長阿列克謝·戈爾傑耶夫在烏克蘭農工綜合體問題委員會會議上首次提出成立「糧食 OPEC」的想法。烏克蘭農業部長尤里·梅利尼克對這一想法表示贊同，他說：「俄羅斯、烏克蘭和哈薩克斯坦必須在糧食市場上協調行動。」

哈薩克斯坦也贊同此構想，哈薩克斯坦的媒體稱它是一個「美好的倡議」，認為三國聯手不僅可以帶動整個獨聯體的糧食生產，還可以提高獨聯體糧食在國際市場上的競爭力。

戈爾傑耶夫說：「據農業市場行情研究所的資料顯示，目前俄羅斯、烏克蘭和哈薩克斯坦三國只佔到全球糧食出口總量的近百分之二十。這一份額未必能夠對價格形成機制產生有力影響。然而，如果澳大利亞和美國也加入『糧食 OPEC』，該組織就能控制全球百分之六十二的糧食出口。」

針對「糧食 OPEC」的構想，農業市場行情研究所的首席分析師伊戈爾·帕文斯基指出：「就採取聯合行動達成共識相當複雜。俄羅斯、烏克蘭和哈薩克斯坦一直在相互競爭，澳大利亞和加拿大也不例外。」

在相互競爭的市場經濟下，關於糧食卡特爾的成員國將如何控制糧食生產規模、如何影響定價機制等問題產生了。OPEC成員國對石油開採和出口實行國家壟斷，所以政府在必要情況下「關掉閥門」以刺激「黑金」價格上漲，並不需要付出什麼代價。但糧食則不同。因為在各地從事糧食生產和出口的都是私人公司，它們並不會響應國家發出的第一聲號召，提高或是降低價格。

對於這些問題，戈爾傑耶夫當時並沒有給出一個明確的答覆，「糧食OPEC」的想法暫時被擱置。直到二〇〇七年九月份召開的澳大利亞APEC部長級會議上，他提出要與美國和澳大利亞的同行組建一個「糧食歐佩克」，以避免國際糧價的劇烈波動和可能到來的「糧荒」。

在俄羅斯看來，如果成立「糧食OPEC」，它們就能在糧食市場上協調行動，並對國際糧食市場價格、全球糧食種植面積、產量和供應量施加必要的影響，就能避免國際糧食價格劇烈波動和「糧荒」的形成。

但「糧食OPEC」的構想遭到美國和澳大利亞的反對。因為，美國和澳大利亞等國實際上牢牢控制了國際糧食市場的價格走向和供需兩端的主導權。並且這些國家還有很強的農業潛力。例如，美國由於農業生產效率高，農產品生產過剩，長期採取一部分土地休耕制度。一旦美國認為需要，這些土地很快就會恢復耕作，投入使用。此外，美國多數土地每年僅耕種和收穫一次糧食，而依氣候條件來看，這些土地完全可以做到一年兩熟。由此可見，國際上的「糧荒」和糧價上漲，其實仍處在可控的局面，而控制手柄就掌握在美、澳手裏（尤其是美國）。一旦它們決定增加糧食種植面積，或提高糧食戰略儲備量，整個全球糧食市場就會產生重大變化。因此，在這種情況下，加入「糧食OPEC」則意味著美國和澳大利亞的權益被此構想的成員國給分走。

以美國為首的美歐國家為了加強自己在國際上的控制地位，在二〇〇八年開始發動世界「糧食大戰」來報復OPEC。據墨西哥《每日報》二〇〇八年四月二十七日發表的文章說，美國斯特拉特福戰略預測機構指出，美歐是世界最大的糧食囤積國家，它們正在發起世界「糧食大戰」，以迫使石油輸出國組織中那些不聽命於自己的國家屈從，因為糧食恰恰是這些石油大國的軟肋。這可能給政治體系帶來極大的不穩定，不僅威脅到這些國家的國內穩定，還可能改變全球的權力平衡。

斯特拉特福機構認為，全球正處於一場真正的「糧食大戰」當中，在這場戰爭中，美國和歐盟將成為「贏家」。

美國《華爾街日報》專欄作家布雷特．阿倫茲指出：「已經到了美國人開始囤積糧食的時候了。」於是，包括沃爾瑪在內的美國大型連鎖零售機構都紛紛作出限制購買大米的決定。

斯特拉特福機構認為，糧價比油價對政治穩定更具有重要性，一旦糧食供給出現短缺，老百姓就要忍饑挨餓，繼而可能出現暴動。這樣一來，政府就要處於腹背受敵的境地。

在當前這種全球金融體系坍塌的大環境中，美國和歐盟這兩個世界最主要的糧食儲備和出口者，是否應該利用糧食武器來對付它們的經濟競爭對手，讓它們失去國內穩定呢？

斯特拉特福機構的觀點是：在糧食問題上，美國和歐盟將是贏家，它們可以通過建立類似OPEC的糧食生產者輸出國組織來共同制定糧食政策。因為糧食就是權力的工具，當價格處於高位、市場被擾亂的時候，手中持有可售出的盈餘產品的任何人會做的一件事就是積累金錢。

雖然以美國為首的歐美國家反對「糧食OPEC」，但泰國卻與之相反。二〇〇八年五月三日，在東盟貿易部長會議上，全球最大大米出口國泰國政府提出一項提議，聯合越南、柬埔寨、老撾、緬甸四個東盟國家，成立類似於OPEC的OREC，即「大米輸出國家組織」或稱「大米 OPEC」，以在國際糧價不斷上漲情勢下維護自身利益。

而在五月一日，泰國首相沙瑪在曼谷對記者說：「我同緬甸談過了，並邀請他們加入稻米輸出國組織（Organisation of Rice Exporting Countries, OREC），以議定米價。」

沙瑪說，到曼谷訪問的緬甸總理登盛同意加入。緬甸目前並非主要的稻米輸出國。他說：「泰國將會提供技術，協助他們提高產量以供出口。」而泰國外交部長諾巴東透露，米盟很快將會舉行第一次會議。

對於泰國發起的「糧食 OPEC」組織，菲律賓感到擔憂。菲律賓政府認為這一組織在全球糧食危機中不能解決困難，反而會帶來更大難題。

一份統計顯示，在二〇〇七年，泰國、越南、柬埔寨、老撾、緬甸等五個國家的大米總出口佔世界出口總量的百分之四十九．二，其中泰國佔了百分之三十二．七的份額，越南為百分之十四．五。

菲律賓參議院黨團領袖法蘭西斯．潘希利南說：「所謂『大米輸出國組織』與窮人為敵，只會加劇而不會緩解饑餓和貧窮，出於人道主義，他們必須三思而行。」

農業委員會主席愛德格多．安加拉擔心，少數幾個糧食生產國控制某種糧食，可能使消費者買不起這種糧食，他說：「將近三十億人以大米為食。這不是什麼好主意，這是個餿主意……會造成供應壟斷，違背人性。」

泰國大米出口聯合會主席奧帕斯旺斯認為，「大米出口國組織」把巴基斯坦和印度這樣的大米生產大國排除在外，而且難以控制農民生產行為，因此很難左右國際市場。

亞洲開發銀行行長黑田東彥五月三日說，亞行不贊成泰國提議，主張讓大米市場自由運行。成立OREC不僅會損害大米進口國利益，也無益於大米出口國。

在反對聲中，泰國在OREC的立場上出現退縮。泰國外交部長Noppadon Pattama五月六日在會見了全球主要六大稻米生產和出口國（中國、印度、巴基斯坦、越南、柬埔寨和緬甸）的大使代表之後，做出表態：現階段拋棄此前欲成立「大米OPEC」，即OREC的提議。

取而代之的是，泰國隨後在其外交部網站上，提議成立CRTC（Councilon Rice Trade Cooperation，大米貿易合作委員會），並盡快召開第一次會議。

據泰國外交部資料顯示，CRTC將按照論壇形式運作，為主要大米出口國家間交換其對貿易的看法提供平臺。也就是說，CRTC目的是共用大米貿易中的技術知識，而非將焦點放在大米價格上。泰國的退卻致使「糧食OPEC」的提議暫時告以段落。

七、印度禁止糧食出口

印度政府為了平抑國內商品價格的大幅上漲，在二〇〇七年實施小麥和大米的期貨交易禁令。

印度財政部長帕拉尼亞潘．齊丹巴蘭說：「如果食品價格持續上漲，加上需求高企，印度可能不得不與目前的高通膨水準相伴。」由於食品和工業品價格上漲，截至二〇〇八年四月十九日，印度通膨率加速上漲至百分之七．五七，是三年半以來的最快漲幅。

據統計，在一年時間裏，印度大米價格翻了一倍，而小麥價格也上漲了百分之七十二。為了緩解通膨壓力，確保國內糧食供給，印度對食用油、大米及小麥實施出口禁令，並取消食用油進口禁令。

「無論這種措施正確與否，人們認為商品期貨交易中的大量投機行為推高了糧食價格。」齊丹巴蘭在接受媒體採訪時說，「政府面臨要求暫停更多糧食期貨交易的壓力。」

據印度總理曼莫漢．辛格稱，要求暫停期貨交易的品種包括食用油、白糖及其他商品。他說，投機力量推高糧食價格，增大通膨壓力。全球爆發的糧食危機，令喀麥隆、阿根廷、巴基斯坦及菲律賓等國家發生了動亂。

「暫停糧食期貨交易對糧食價格的影響不會超過一個星期，」印度政府組織的一個關於期貨交易對糧食價格影響的研究小組成員沙拉得．喬時稱，「政府需要做的是採取措施增加糧食供給。」

印度限制糧食出口的措施，雖然有利於保障本國國民的供需需求，但作為糧食出口大國，印度的這種作法遭到了以美國為首的國家代表的抨擊。

二〇〇八年六月十一日，印度商業和工業部長卡邁勒．納特抵達華盛頓，進行為期兩天的訪問，以進一步促進兩國的商貿關係。

在訪問前夕，美國商務部負責國際貿易的副部長帕迪拉在傳統基金會和印度工商聯合會聯合主辦的一個有關美印夥伴關係的論壇上指責印度限制糧食出口的作法。

他說：「令人失望的是，到目前為止，印度政府一直是多哈談判獲得成功的一個路障。印度繼續堅持，它和其他的發展中國家在工業產品、農業和服務業領域受到真正市場開放措施的保護，與此同時卻要求發達國家不斷做出更多的讓步。多哈回合的談判不是一個捐助國會議。它需要像印度這樣的經濟大國做出自己的努力，而且承擔起負責任的領導作用，而不是在背後採取動作導致多哈的死亡。」

這位官員說，美國並不是在要求印度和其他發展中國家像發達國家那樣開放市場。但是，到目前為止，印度拒絕了多哈回合中幾乎所有的貿易自由化建議，甚至包括那些其他發展中國家提出來的建議。他指出，印度最近提出的有關關稅減免方案的提議是完全不可能實現的。他說，印度在多哈談判上的立場可能導致多哈議程失敗的時間很快就會到了。

帕迪拉說：「印度是世界上第二大大米生產國，第三大小麥生產國，第七大玉米生產國。但是，印度政府最近做出的限制某些種類的大米和食用油出口的決定進一步使國際糧食市場感到緊張。儘管出口限制是為了增加短期的食品安全，但是通過使食品不進入國際市場的這些政策會使長期的局面更加糟糕，它也導致價格上漲，使全球農業市場已經存在的扭曲進一步惡化。」

這位負責國際貿易的副部長在講話中表示，作為世界上最大的兩個民主國家，美國和印度在國際貿易談判、能源和食品安全方面都有巨大的合作機會。他認為，隨著印度經濟實力的加強，它也應該承擔起更大份額的責任來。

美國商務部負責國際貿易事務的助理部長 Christopher A Padilla 說：「限制糧食出口不僅使食品遠離國際市場、糧食價格上漲，而且還打擊了農民的種糧積極性和市場開拓力度。印度是世界第二大大米生產國、第三大小麥生產國和第七大玉米生產國，印度對非巴斯瑪蒂大米、食用油實行禁止出口政策，不僅加劇國際糧價的上漲，而且還使其鄰國受到傷害。印度和美國等世界糧食主產國應堅決抵制禁止糧食出口的行為。」

針對帕迪拉和 Christopher A Padilla 的指責，印度商工部長納特表示，新德里不會犧牲幾百萬勉強糊口的印度農民的利益來達成一個全球貿易談判的交易。

除了美國強烈抨擊印度外，二〇〇八年六月份，世界糧食組織（FAO）、世界銀行、國際食品政策研究協會以及其他一些國家都紛紛呼籲印度盡快解除糧食出口禁令。

世界糧食組織說：「世界糧食價格在今後相當長時期內仍將保持高位，除非一些國家解除糧食出口禁令。印度二〇〇七年糧食收成較好，如印度解除其目前已實行的糧食出口禁令，則國際糧食價格高企壓力會大幅減輕。」

世界銀行在六月十日發布的一份報告中指責稱，中國、印度和越南等大米主產國為保證國內市場供應、防止國內糧價上漲而對糧食實行出口限制政策，稱這些政策導致國際市場糧價的進一步上漲，尤其是印度實行的限制糧食出口政策加劇了南亞市場的糧價上漲。

國際食品政策研究協會也表示，目前一些國家實行的禁止糧食出口政策實際上是一種使其鄰國餓死的政策。

二〇〇八年七月三日，印度聯邦政府又決定禁止玉米出口，有效期至十月十五日，旨在平抑高通貨膨脹。

目前，印度當地市場的玉米價格已大幅上漲，由於該國的出口空前增加，增添了通膨憂慮。專業人士分析說，印度禁止出口玉米，直至十月十五日，可能不會馬上對亞洲買家造成多大影響，因出口清淡，新作玉米作物目前正在播種。但出口禁令時間延長料將對馬來西亞及臺灣等買家造成供應問題，這些買家採購的印度玉米一直較多，因中國已經放緩玉米出口。

在東南亞大多數國家，印度玉米價格最高比美國玉米價格每噸低一百二十五美元，主要是因為從印度向這些國家運輸玉米的海洋運費較低。

在糧食危機面前，印度除了限制糧食出口外，印度當地人還將一日三餐改兩餐。據《環球日報》報導，二〇〇八年三月三十一日，當《環球時報》駐印度的記者路過新德里一個米店門口時，只聽一位中年婦女提高了嗓門這樣問道：「大米又漲價了？」「對，我們也沒有辦法，進價就高。」店家淡淡地說。記者恰巧也要買那種大米，發現此米幾天前還是三十盧比（一美元約合四十盧比）一公斤，現在的標價竟是四十盧比一公斤。那位婦女抱怨說，米價漲得太快了，她家快揭不開鍋了。而據《印度快報》報導，印度很多家庭因米價上漲已將一日三餐改為一日兩餐。

印度國際大學農業研究專家辛格教授認為，印度米價的上漲，首先是政府「以城市為中心」的經濟政策所致。在城市高樓林立的同時，廣大農村依舊破敗不堪。農業投入嚴重不足，導致農業生產力日益降低，大米產量因此逐年遞減。其次是全球氣候變暖導致大米產量嚴重下跌。印度是全球氣候變暖的最大受害者。最後是糧食消費增加所致。在糧食減產的同時，印度人口在增加，而印度現在的每日人均糧食擁有量下降到了上個世紀七〇年代的水準。

「隨著印度糧食產量停滯不前以及國際糧食供不應求，印度低糧價的時代終結了」，印度資深糧食分析專家德文達·沙瑪說，「全球糧食短缺問題在未來至少二～三年內得不到緩解，也許還會惡化，我認為，過去一年來的糧價上漲只是一個開頭，未來幾年糧價還會一個勁兒地瘋漲」。

而印度一家研究經濟的高級智庫在二〇〇七年發表的報告中稱，印度無論是大米儲備，還是小麥儲備，都遠遠低於規定的最低儲備標準，這為印度的糧食安全亮起紅燈。印度從去年下半年開始進口小麥，這是印度多年來首次進口小麥。

八、埃及忙著食品補貼

近來，隨著國際市場糧價上漲，埃及國內的食品，特別是民眾的主食麵包和大餅出現供應短缺問題。在許多城市的銷售點前，人們搶購由政府補貼的低價麵包和大餅。

埃及是全球最大的小麥進口國。麵包和大餅是埃及人的重要主食，埃及人稱麵包為「阿什」，意為生命。在國際市場小麥價格持續上漲和國內高通膨的共同作用下，埃及陷入嚴重的麵包危機。二〇〇八年三月十九日，一位官員向法新社透露說：「最近幾周，已有四人在爭購麵包時喪命。」

《環球時報》駐埃及的記者四月份目睹糧食危機在埃及引起的暴亂後，說：「在騷亂前，埃及大米、麵粉、肉類、蔬菜的價格都在上漲，有的漲了一倍，有的則更高。大餅問題尤其突出。以前一鎊可買到五張大餅，現在要二鎊。對於埃及民眾來說，大餅分兩種，一種是政府補貼的，很便宜，另外一種是沒有補貼的，比較貴。現在，為了能夠買到便宜的大餅，開羅大街上供應有補貼的大餅店前總會排著長隊。糧價上漲，已引起埃及少數地區騷亂，政府雖然很快平息了騷亂，但埃及的反對派還在利用糧價做文章，如穆斯林兄弟會就堅決抵制四月八日舉行的地方選舉。一些反對派還組織罷工、罷市……」

以前在埃及有這樣一句諺語：在埃及沒有人會死於饑餓。然而在糧食危機爆發後，很多以前從來不考慮食品價格的人，都開始為了購買津貼麵包而去排隊。所謂津貼麵包，是指政府補貼的廉價麵包，一個一百克的津貼麵包價格低於一美分，不受津貼麵包的售價則為受津貼麵包的十至十二倍。據統計，二〇〇七年，不受津貼的麵包價格上漲了將近百分之二十六，這種大幅度增長率，促使一些低收入地區的群眾排著長長的隊伍，在麵包店外購買津貼麵包，有些人得排上一整晚才能買到津貼麵包。

埃及總統穆巴拉克說：「排隊買麵包問題必須解決。問題到底是什麼？如果是產品問題的話，那就應該增加產量；如果是分配問題的話，就應該多開設幾個分配點。」

為了緩解麵包危機，保證人們的基本生活，埃及政府不僅開始限制多種糧食出口，而且總統穆巴拉克還動員軍隊做麵包來應對麵包短缺和由此引發的社會動盪，以暫時緩解危機。

世界銀行資料表明，埃及七千八百萬人口中，百分之二十的人生活在每天兩美元的貧困線以下，另外百分之二十的人在貧困線周圍盤旋不定，還有百分之四的人口生活極度貧困。埃及是麵包的最大消費國。一九七七年，在埃及政府決定降低產品津貼之後，至少七十人死於分發麵包的爭搶中。

面對如此嚴重的食品短缺問題，埃及政府採取增加補貼、產銷分開和打擊不法商販等各種措施，努力保證民眾生活不受影響。

總統穆巴拉克在二〇〇八年召開部長會議時，專門討論埃及當前嚴重的食品短缺問題。他要求各級政府採取措施，加強政府補貼食品特別是大餅和麵包的銷售管理，實行產銷分開，同時嚴厲打擊不法商販在黑市上出售政府補貼麵粉等違法行為。

據悉，在埃及，一袋五十公斤麵粉的政府補貼價格為八埃鎊，而市場價格則為一百埃鎊。一些商家為了牟取暴利，減少了政府補貼大餅的產量，將從政府那裏獲得的低價麵粉拿到黑市上高價出售，這是導致食品供應緊張的重要原因之一。

根據埃及政府與麵包業行業組織二〇〇六年簽署的協定，以市場價格銷售配額麵粉的商家將被處以七千五百埃鎊至十萬埃鎊的罰款。

埃及著名經濟學家謝里夫在接受《環球時報》記者採訪時說：「去年，國際上每噸小麥的價格是一百八十美元，今年則要四百八十美元。更可怕的是，埃及一些商家還囤積糧食，準備哄抬價格。」雖然埃及是糧食進口大國，但埃及大米卻能夠自給，並向外出口。為了遏制大米等物價上漲，保障老百姓的基本生活所需，埃及採取一些相應的措施。其中一項措施就是臨時禁止出口大米。埃及政府表示，違背命令擅自出口大米者，出口廠商的營業執照將被吊銷，公司關閉半年，嚴重的商人將處以一年以上、五年以下監禁。埃及的大米過去主要出口到敘利亞等國，記者問謝里夫，限制出口後，會不會對這些國家造成打擊，造成糧荒的連鎖反應。他回答說，過去，埃及大米出口，主要方式是用大米換敘利亞的麵粉，現在限制出口，的確會對兩國的糧食供應帶來一些問題。

另據當地媒體報導，除國際市場小麥價格上漲外，埃及補貼大餅價格過於低廉而造成浪費也是引發目前供應問題的原因之一。當地一些專家呼籲，政府應加強管理，杜絕浪費現象。

為了緩解供應需求，穆巴拉克命令原本只負責供應軍隊的食品加工點加大生產量，以滿足市場需求。並且他還要求政府總理和有關部長每週報告各省為應對食品短缺問題而採取的措施。

此外，在二〇〇八年，埃及政府還進行了新的財政預算。財政部長加利表示，二〇〇八年年財政預算為三千七百九十三億埃鎊（約合七百億美元），比二〇〇七年增加一千零九十七億埃鎊，增幅達百分之四十。埃及政府決定，在從二〇〇八年七月一日開始的下一個財政年度裏，政府預算中對食品的補貼將由九十六億埃鎊（一美元約合五．五埃鎊）增至兩百一十五億埃鎊。比去年增加一百一十五億埃鎊，增幅高達百分之一百一十五。同時，政府還將撥款四十七億埃鎊，專門用於應對國際市場小麥價格上漲而造成的埃及國內食品價格上漲問題。按照政府的補貼價格，一埃鎊可以購買二十張大餅，而未獲得政府補貼的大餅價格則為每張〇．三埃鎊至〇．六埃鎊。

並且埃及政府還提高了全國七個人口大省的政府補貼麵粉配額。而埃及全國一．八萬家食品加工點也將全部實行產銷分開，以防止不法商販在黑市上出售以政府補貼價格獲得的麵粉。

此外，埃及政府也從國外進口小麥來緩解糧食危機。在二〇〇八年四月份，埃及主要的小麥採購機構——埃及國有商品供應總局（GASC）官員稱，GASC將於四月二十二日舉行招標會。GASC副局長Nomani Nomani表示，GASC計畫尋購五．五~六萬噸美國硬紅冬小麥、美國軟紅冬小麥、美國軟白小麥、法國製粉小麥、阿根廷小麥、哈薩克小麥或者加拿大軟小麥。另外還將尋購三~六萬噸俄羅斯、德國、英國或敘利亞小麥。船期定在六月份。

Nomani表示，競標者必須提供**FOB**報價，然後再提供運費報價，如果價格合適，**GASC**可能會考慮。另外，**GASC**從國內供應商那裏尋購同樣產地的二．五萬噸小麥，這批小麥的結算貨幣為埃及盾，**FOB**價。

另據埃及中東通訊社二〇〇八年四月二十九日報導，埃及和法國當天在巴黎簽署了一項諒解備忘錄，按照這份文件，埃及將從法國進口小麥。

正在法國訪問的埃及國內貿易、對外貿易和工業部長拉希德說「法國是繼美國之後的第二大小麥出口國，埃及希望從法國進口小麥。」報導稱，埃及每年將從法國進口一百萬噸至一百五十萬噸小麥。由於國際市場糧價上漲，埃及正在尋求小麥進口來源，以滿足埃及國內需求。據悉，目前埃及年進口小麥和麵粉量為七百萬噸至八百萬噸左右。

九、巴西增加小麥產量

二〇〇八年四月十七日，巴西政府宣布一系列措施以提高小麥產量，減少對進口的依賴，應對目前的糧食危機。

巴西農業部在聲明中指出，全球小麥庫存量從二〇〇七年下半年起減少，造成小麥價格大幅上漲，因此巴西決定把小麥產量增加百分之二十五，預定在二〇〇八～二〇〇九年間小麥產量達到四百七十五萬噸。相當於巴西國內需求量的百分之四十七。

據統計，在二〇〇〇年至二〇〇七年，巴西小麥產量共計兩千九百二十萬噸，能夠提供國內需求的百分之三十六。其間共進口小麥五千兩百四十萬噸，花費七十八億美元。

巴西政府官員透露，按照巴西政府支持小麥種植的五年計畫，在二〇一〇年，巴西小麥產量至少達到國內消費量的百分之六十。

這項計畫的前期措施包括把小麥最低價格提高百分之二十、對乾旱地區種植的資助增加百分之三十三等，同時生產者可以與政府在全年任何時間簽訂貸款協定，而不僅僅是在收穫季時。巴西農業部還將為小麥銷售成立一個特別信貸體系，貸款利息在百分之六·七五，比目前官方利率低五個百分點。

巴西除了增加小麥產量外，政府還鼓勵國民生產，總統魯拉說，巴西對抗全球糧食危機的辦法不會是限制消費，而是鼓勵生產，讓農民有條件擴大糧食的栽種面積。

魯拉指出，政府在二〇〇八年至二〇〇九年農牧計畫中的預算是六百五十億元巴西幣（約四百零六億美元），主要作為鼓勵農民投資下一季收成的貸款。

他說：「當全世界需要糧食的時候，我們必須能夠說：來買吧！巴西有糧食賣給你們！」魯拉希望巴西農民利用目前全球糧食需求提高的情況，讓巴西成為農業大國。

二〇〇八年四月八日，巴西國家地理統計局在報告中說，本年度巴西糧食產量有望達到一．四〇五億噸，比二〇〇七年度增加百分之五．六。

報告稱，今年巴西南部的糧食產量預計為六千萬噸，中西部地區為四千八百萬噸，東南部地區為一千六百五十萬噸，東北部地區為一千兩百二十萬噸，北部地方為三百七十萬噸。

報告顯示，二〇〇八年巴西糧食種植面積為四千六百五十萬公頃，比上年增加百分之二．五。其中，種植面積最大的大豆、玉米和水稻分別為兩千一百一十萬公頃、一千四百四十萬公頃和兩百九十萬公頃。

五月八日，巴西農業部長賴因霍爾德．斯特凡內斯表示，巴西糧食的大豐收有助於緩解全球糧食價格上漲壓力。

他說：「很顯然，巴西可以為自己的人民生產足夠的糧食，也可以有足夠的餘糧用於出口。由於巴西農產品出口增加，國際糧價上漲壓力將有望得到很大緩解。」

不過，斯特凡內斯否認了世界糧食價格上漲與巴西生物燃料生產之間的聯繫。他認為，巴西在增加甘蔗產量的同時，也增加了其他農產品的生產和種植。

巴西外長阿莫林也要求國際貨幣基金組織不要繼續把生物燃料和糧食危機掛鉤，而應採取措施以應對歐美國家實施的農業補貼問題。

他說，促使發達國家削減農業補貼，比批評使用糧食製造生物燃料有用得多。

阿莫林表示，如果在生物燃料的生產過程中做好環境保護工作，同時不忽視糧食安全問題，那麼生物燃料將會給貧窮國家帶來更多的發展。

據「中央社」報導，巴西是全球第二大生物燃料生產國。巴西也因為全球糧食危機及傳統糧食挪用作其他用途而廣泛受到抨擊。

總統魯拉在聯合國糧農組織舉辦的糧食高峰會上反駁說，利用甘蔗生產生物燃料對糧食生產不會構成威脅，不過他譴責以玉米和小麥為原料生產生物燃料。

巴西政府一直重視農業生產和糧食安全問題，為了確保國民的糧食供應需求，巴西政府在幾年前就推出了「零饑餓」計畫。

巴西雖然是世界糧食生產大國，許多農產品產量都居世界前列。但由於巴西貧富分化嚴重，該國很多貧困人口仍然不能得到生存和健康所需要的足夠食品。

「零饑餓」計畫是巴西政府為了保證人們的食品和營養權利而制訂的戰略，目的是保證糧食安全、尋求社會公平和保證最貧困人口抵抗饑餓的公民權利。主要內容包括保證人們特別是農村貧困人口的飲食權，確保農民收入增加，貧困人口受教育程度得到提高，衛生條件得到改善和公民獲得潔淨飲用水的權利得到保障。計畫的四個基本點是獲得足夠的糧食、加強家庭農業、增加糧食產量和協調社會各階層。

「零饑餓」計畫最大的優勢在於擁有強大的政治支持。巴西政府的多個重要部門參與了這一計畫，同時還成立專門的國家糧食安全委員會，這使保證糧食安全的政策能夠在各個環節緊密聯繫，從而保證國家政策的實施。

巴西國家食品安全和營養委員會是協調政府和社會力量在食品和營養方面的機構。該委員會成立於二〇〇三年一月，由五十七名委員組成，三十八名來自社會組織，十九名是聯邦政府各部的代表，是總統在制訂糧食安全政策時的諮詢機構。在二〇〇四年第二屆全國糧食安全會議後，該機構制訂了諸多計畫，如學校食品計畫、家庭補助計畫、家庭糧食保障計畫、食品和營養監督計畫等。

在「零饑餓」計畫中最突出的是家庭補助計畫。這一計畫於二〇〇四年魯拉政府執政之初開始執行，目的是保證人們獲得適當食品的權利，推動食品安全，根除極端貧困。這項計畫主要內容有：加強衛生和教育方面的基本權利，讓貧困家庭力圖打破窮人無法接受教育和醫療而愈發貧困的惡性循環；通過一些補充計畫增加勞動收入、減少成年文盲率以徹底脫貧。此外，家庭補助計畫還包括學校補助計畫、食品補助計畫、燃氣扶助和食品卡片等計畫。

通過家庭補助計畫，到二〇〇六年年底，巴西貧困人口減少了百分之二十七．七。二〇〇六年家庭補助計畫的投入相當於巴西國內生產總值的百分之〇．〇五和政府總支出的百分之二．五，受益人口達到四千四百萬。

十、古巴農資開放鼓勵農民自救

糧食危機致使多數國家紛紛採取自救措施，限制糧食出口是眾多國家採取的措施之一。這一措施意味著許多國家已經不能再通過進口來緩解本國的糧食壓力，而只好將重點轉向國內，依靠自己的力量解決吃飯問題。

為了解決糧食危機，古巴廢掉傳統的禁令，允許農民購買農資。古巴是人口大國，也是進口糧食的大國，它每年需要的二十二萬噸糧食中，只有七萬噸能夠通過本國自產解決，剩下的全部都要依靠進口。但是隨著糧價的不斷提升和全球糧食危機的惡化，古巴開始改變策略，於二〇〇八年三月十八日解除禁止農民購買農用物資的規定，這顯示新上任的勞爾．卡斯楚正鼓勵人民增加糧食產量。

隨著古巴在二〇〇七年的食品進口量逼近二十億美元以及物價上漲，勞爾已將農業視為自己的工作重心。七十六歲的勞爾．卡斯楚曾表示，他認為古巴應自主生產更多食品，減少從美國和其他國家的進口。自勞爾．卡斯楚就任古巴國務委員會主席以來，就已經宣布廢除許多禁令。並且研究改良種植方式，提高土地利用率和生產率，以鼓勵農民生產來提高國內產糧食產量。古巴政府預計，二〇〇八年糧食產量將會比二〇〇七年提高百分之六十，糧食危機會有所緩解。

勞爾說：「在每個不正確的禁令背後，請尋找大量不合法的事情。古巴人現在可住外國人住的旅館，可以租汽車，同時進行了小規模的農業改革，允許農民的合作社開發土地，這對他們和他們的家庭有好處。電腦的價格還要等待當局定價，微波爐和空調的出售正在研究……」據官方估計，百分之六十的古巴人得到硬通貨，他們收到居住在美國或其他地方的親屬寄來的外匯，或一些有大學文憑在旅遊部門工作的司機或服務員收到外匯小費。無論如何，這些措施受到多數古巴人的歡迎。

大力發展農業，提高糧食產量是古巴政府二〇〇八年的重點任務之一。二〇〇八年三月份，古巴開始對銷售農具、除草劑、靴子和其他供應品的商店進行開放。國有和合作社性質的乳製品生產商以及私營農場主首批從商店購買物資。古巴一名當地商務人士稱，國營公司最近把採購人員送出國外以購買農具、手持機械以及籬笆、種子和肥料等農用物資，然後在全國出售。農民能用古巴的硬通貨 CUC 購買。

此外，勞爾還解除了許多限制商品產出和流通的禁令，他在就職時說：「國家的首要任務是滿足人民的基本需要。」因此，在二〇〇八年四月份，古巴開始出售行動電話，同時澄清應避免道路交通事故，同時古巴人可以自由購買電動自行車、電鍋和 DVD 播放機等。

取消商品開放的禁令令古巴人非常滿意。一位即將退休的機械師卡布列爾說：「取消這些禁令是好事情，因為它對任何人都沒有好處。」他的話代表著普通古巴人的感覺。古巴民眾從四月一日起就攢錢購買電動自行車、電鍋和 DVD 機。

四月份前還貼著「只賣企業」的商品標籤很快就過期了，人們在商店外排著長長的隊伍，場面十分壯觀，在米拉馬爾區一家外匯出售商品的商店很快售完所有 DVD 機的存貨。商店的負責人非常高興，並且他們正在等待運來更多的商品。

除了DVD機被搶購一空外，出售行動電話的國營電話公司的商店也排起長隊，該公司是唯一准許經營這項業務的企業。在維達多區，一位店員說，在兩個小時內就賣出六十八部行動電話，儘管啟動行動電話的服務收費約為一百二十美元，在這個國家平均月工資只有十五美元。五十三歲的家庭主婦埃萊娜說，她的婆婆住在西班牙，將給她寄錢買行動電話。電話公司的職員稱，多數人說他們要行動電話只是為了接電話或是為了傳簡訊。當地的《格拉瑪報》提醒古巴司機說，因為打行動電話已經發生了太多交通事故。

二〇〇八年五月份，古巴政府又宣布，將部分農場的控制權從農業部轉移到當地代表手中，一百六十九個新的代表團將接管農場，並且政府可能會大幅削減一百零四個不必要的部門。古巴政府這樣做的目的，是為了依靠當地的農場領袖多做決定，從而刺激農業產量，提高銷售，增加食品供給而代替進口，減少古巴對進口糧食的依賴。

為了緩解糧食危機，古巴政府在積極地努力著。據古巴《起義青年報》報導，二〇〇八年六月三日，古巴第一副主席馬查多在羅馬糧農組織關於糧食安全的世界峰會上，揭露富國在當前世界糧食危機中，特別是在糧食價格方面的責任，富國將貿易自由化等不平等的因素強加於人。

古巴在這次峰會上認為，饑餓和營養不良是支持和深化貧困、不平等、非正義的國際經濟秩序的結果。馬查多在講話中揭露發達國家在當前糧食價格危機中的責任。結構調整的金融處方造成南方很多小生產者的破產，將那些過去糧食自給自足的國家變成為淨糧食進口國。他強調如果從根本上解決問題，是能夠成功地對付這場危機的。採取治標的措施是不能根除這些問題的，象徵性的捐贈也不能滿足需要和可持續。

由於古巴的倡議，食品是不可侵犯的人權從一九九七年就被人權委員會（後來是理事會）歷次決議所確認。馬查多指出，富國擁有足夠的資源用於重建和推動南方的農業生產。所需要的是政府的政治意願。如果北大西洋公約組織的軍事開支在一年減少百分之十，可以拿出近一千億美元；如果免除外債，南方國家每年將可支配三千四百五十億美元。如果所謂第一世界履行百分之〇．七的國內生產總值的官方發展援助，發展中國家還可以再收到一千三億美元。十二年前糧農組織確定了到二〇一五年將營養不良的人口減少一半的目標，現在這似乎是一個疑問。因此，馬查多希望在解決糧食危機方面，國家和國際都應採取積極的措施，做好相關的工作，從而使危機更快地過去。

十一、拉美：獲得歐盟一．二億糧食援助並自設一億基金

二〇〇八年七月一日，第三十五屆南方共同市場首腦會議在阿根廷北方城市圖庫曼閉幕。此次會議的一大亮點是南美國家領導人意識到全球糧食危機給南美國家帶來的風險，遏制全球範圍內的投機資金活動以及擴大農業生產和出口成為南美國家共同的戰略選擇。

在討論糧食危機爆發原因方面，阿根廷總統克莉絲蒂娜和巴西總統盧拉在峰會上發言時不約而同地指出，此次全球糧食危機和美國次貸危機不無關係。大量國際投機資金先是炒作房地產，製造金融泡沫和次貸危機，然後又從金融市場抽身，湧入大宗商品期貨市場，將大米、小麥、玉米、大豆等糧食價格不斷炒高。

自上世紀九〇年代以來，拉美國家接連發生金融危機，教訓慘痛。此後，拉美國家相繼進行經濟改革，嚴格控制金融風險。然而當糧食危機襲來時，拉美國家沒有逃脫糧食問題所帶來的干擾。

全球糧食危機雖然使南美國家的農產品出口收入大幅增加，但同時也帶來負面影響，使這些國家的通貨膨脹壓力大增，貧困人口數量急劇增加。這對貧窮的拉美人民來說，無疑雪上加霜。

為了應對糧價上漲引發的危機，二〇〇八年四月二十三日，委內瑞拉總統查韋斯、古巴國務委員會副主席卡洛斯．達維拉、玻利維亞總統莫拉萊斯與尼加拉瓜總統奧爾特加等拉美四國領導人在委內瑞拉首都加拉加斯舉行會晤，最終商定建立價值一億美元的「糧食安全基金」，並共同制定促

進農業發展計畫。

查韋斯呼籲各國嚴防糧食分銷商及投機分子囤積糧食，哄抬糧價，他們的所作所為使數百萬人難以買到糧食。他說：「糧食危機最清楚地顯示出資本主義體系遭遇歷史性潰敗。設立糧食安全基金屬地緣政治緊急問題。」奧爾特加認為，糧食供應對人們的未來生活至關重要，尤其是那些最貧窮國家的民眾。

除了商定設立「糧食基金」外，上述四國還達成協議共同促進農業生產。包括提高玉米、大米、豆類等穀物產量，增加牛奶和飲用水的供應量，改進農業灌溉等內容。

當日，還簽署了一項食品協定，旨在應對日益突出的食品短缺難題。依據協議，簽約國將在「玻利瓦爾省美洲國家替代計畫」框架內建立屬於自己的食品銷售網，減少中間商對食品價格的控制和影響。查韋斯認為，食品危機堪稱影響全世界民眾的嚴重問題。他呼籲協議簽署國團結起來，為平抑不斷上漲的食品價格做出積極努力。

拉美國家除了自身積極努力地應對糧食危機外，歐盟國家也向其伸出援助之手。二〇〇八年四月二十四日，據歐盟負責人道主義援助事務的委員路易．蜜雪兒透露，歐盟委員會將撥出一．一七二五億歐元，用於向拉美貧困國家提供糧食援助。

蜜雪兒說：「在數百萬人面臨饑餓威脅的情況下，必須快速行動起來，因為主要食品價格上漲可能會引起全球糧食災難。」

世界糧食組織（WFP）代表警告，數千萬人正因食品價格不斷上漲而面臨饑餓威脅，國際社會必須趕快行動起來消除危機。

據統計，二〇〇八年歐盟委員會承諾的對貧困國家提供的糧食援助總額將達到二・八三二五億歐元。

在糧食危機對拉美人民的影響越來越嚴重時，二〇〇八年五月，委內瑞拉政府宣布，將提供一億美元協助拉丁美洲貧窮國家，對抗糧食價格飆漲的危機。

同時，尼加拉瓜總統奧爾特加也採取積極的行動，他倡議建立一個區域性的穀物銀行，配合其他措施，幫助地區內國家度過糧食危機。他的倡議得到委內瑞拉外長的贊同，五月八日委內瑞拉外長率先宣布捐款一億美元，資助這項計畫。

在二〇〇八年，抵抗糧食危機成為拉美國家的主要任務之一。五月七日，尼加拉瓜、玻利維亞、哥斯大黎加、厄瓜多爾、洪都拉斯、海地、聖文森特和格林納丁斯、伯利茲、多明尼加、古巴、薩爾瓦多、瓜地馬拉、巴拿馬、墨西哥和委內瑞拉等十五個拉美國家在尼加拉瓜首都馬那瓜召開「糧食安全與主權首腦會議」，商討制定糧食安全戰略，以應對世界糧食危機對拉美和加勒比地區的衝擊。

這些國家首腦共同主張該地區國家共同努力，協調各種社會力量，增加糧食生產，保障各國以及整個地區的糧食供應。為此，首腦會議要求與會各國在三十天內制定出糧食安全計畫。會議還決定創立一項共同基金，確保以合理價格向農業生產者提供技術、農業機械和其他生產物資，推動地區農業發展。與此同時，會議還認為該地區各國的國家銀行應向小農業生產者提供低息貸款。

二〇〇八年五月十六日晚，第五屆歐盟和拉美國家首腦會議在秘魯首都利馬閉幕。解決貧困問題是此次首腦會議的主題，與會者對目前波及全球並對拉美地區貧困人口產生巨大影響的糧食危機問題進行了討論。

阿根廷總統克莉絲蒂娜．費爾南德斯建議，發展中國家與發達國家之間應建立戰略聯盟，共同應對糧價上漲問題。她認為，目前的危機同時也為阿根廷提供了擴大農業和畜牧業生產的機會。她呼籲歐盟國家為農業生產國提供先進的技術。

歐盟委員會對外關係委員瓦爾德納在會上表示，歐盟已把食品援助預算增加到一．一七億歐元。西班牙外交和合作大臣莫拉蒂諾斯說，西班牙和巴西政府聯合向與會領導人建議，加強對海地的人道主義援助，希望各國都為保證海地的食品安全作出貢獻。

歐盟委員會貿易委員曼德爾森認為，目前的糧食危機成因是多方面的，其中使用生物燃料並不是直接原因，而且糧食危機的出現也不是某幾個國家的責任，世界各國應共同努力解決這一危機。

巴西作為生物燃料的積極推廣者，在國際上受到一些指責。批評人士認為，生產生物燃料造成農業減產和糧價上漲。巴西總統特別顧問加西亞對此表示，在本次會議上，巴西並沒有因為生物燃料問題而感到壓力，雖然大家都在分析發展生物燃料是否是一項積極的舉措，但巴西認為生物燃料作為一種清潔能源對環境非常有益。

東道主秘魯在本次會議期間一直推廣馬鈴薯的生產和使用。秘魯政府官員認為，此舉既可以減輕大米和小麥價格上漲帶來的影響，又可以幫助部分貧困地區人口通過種植馬鈴薯脫貧。

應邀前來參加此次峰會的美洲開發銀行行長莫雷諾說，美洲開發銀行一直在通過提供特殊貸款等措施，應對目前的糧食危機。美洲開發銀行將設立一個快速貸款體系，加大對農業生產的資助，並利用科技進步提高農業生產力和加強對易受糧價上漲影響人群的幫助。

五月二十七日，美洲開發銀行行長莫雷諾宣布，將設立總額為五億美元的專項貸款以幫助拉美國家應對物價上漲帶來的食品危機，該金融機構執行理事會將在未來兩周內對此進行表決。這一決定是美洲開發銀行行長莫雷諾與哥斯大黎加、薩爾瓦多、瓜地馬拉、洪都拉斯、尼加拉瓜、巴拿馬和多明尼加代表會晤後宣布的。

專家分析，糧食危機雖然給拉美國家帶來影響，但同時也給這些國家帶來機遇。作為全球主要農產品生產基地的拉美國家對全球糧價瘋漲高度警惕，並希望能夠未雨綢繆，推動國際社會聯手打擊炒作大宗商品的投機資金活動，避免糧價泡沫破滅在南美引發新的經濟危機。

不過，在另一方面，南美國家也意識到全球糧食危機給該地區發展和擴大農產品出口帶來大好機遇。巴西、阿根廷、烏拉圭和巴拉圭等國是世界主要糧食產區，農產品出口收入的大幅增加使這些國家的經濟得以保持較高增長速度，降低了美國經濟增長減緩對它們的負面影響。

事實上，南美國家的農業生產仍然具備很大的增長潛力，但存在投資不足的問題。目前進入南美國家的外資數量不斷增加，外商在南美地區購置大片耕地，通過引入先進的耕種技術提高產量，獲利頗豐。

因此，對南美國家來說，全球性的糧食價格上漲既是危機，也是轉機。如果能夠妥善應對，謹防風險，不僅可以促進南美國家的農業生產和出口，還能緩解全球糧食危機，真可謂一舉兩得。

十二、尼日共和國取消大米進口關稅

尼日共和國擁有得天獨厚的豐富的農業生產資源和巨大的農副產品消費市場，近年來，尼新政府十分重視農業發展，制定了一系列鼓勵農業生產的有力措施，據預測，在未來數十年，尼日共和國將會是非洲最具農業發展潛力的國家之一。

二〇〇八年二月，聯合國糧農組織又批准尼日共和國實施七項新農業項目，新項目的實施將促進尼日共和國在家禽、農作物、灌溉、漁業、水文等方面規劃、研究和統計的發展，從而帶動尼國經濟和農業的進一步發展。

尼日共和國雖然在農業方面具有得天獨厚的優勢，但還是沒逃脫全球糧食危機所帶來的負面影響。為了緩解糧食危機，尼日共和國採取了取消大米進口關稅、設置糧食基金和政府補貼的方式。糧食危機造成尼日共和國糧食供需比例失調，大米年產量約為四百萬至五百萬噸，需大量進口糧食才能滿足國內需求。

據尼日共和國媒體報導，在二〇〇八年五月，尼日共和國總統亞拉杜瓦和各州州長在進行磋商後，決定緊急進口五十萬噸大米平價投放市場，以避免國內不斷上漲的糧價導致糧食危機。並且，尼中央政府和各州達成共識，擬投入八百億奈拉（約合六．八四億美元）用於大米進口。

尼日共和國農業及水資源部部長阿巴．茹馬說：「政府這項援農具體舉措是非常必要的，因為二〇〇八年預算完全適應不了農業發展的需求，此舉將有效應對尼目前出現的糧食危機問題。」

昂多州州長阿加古解釋說：「政府已經意識到高漲的糧價已導致部分地區居民買不起維持基本生活的食品。政府此次進口的大米將以政府補貼價銷售，盡量滿足低收入人群的需要。」

二〇〇八年七月二日，據尼日共和國《商業日報》消息，尼日共和國日前從泰國進口了五萬公噸速煮米，單價為八百四十美元／噸。這批大米將在七月初裝船發運。

此外，尼日共和國並設立總額約為八十四億美元的糧食應急基金。尼日共和國交易商協會主席烏考哈對新聞界說，為避免食品危機，聯邦政府今後兩年內估計需要在農業及相關產業上投入四百億美元。

與此同時，尼政府還決定從二〇〇八年五月到十月份百分之百減免糧食進口關稅，暫停徵收大米進口關稅，以鼓勵外國大米進入尼日共和國市場，保證充足的供應。並向種糧戶提供一百億奈拉信用貸款，以緩解糧食漲價造成的負面影響。

尼日共和國海關總署署長哈曼．貝羅．艾哈邁德說，減免進口大米關稅的政策調整是聯邦政府根據《尼日共和國海關法及其執行辦法》第三十七款條例做出的。該條例規定，凡是符合此法案規定的進口商，可以享受保險、貨運、貨物處理程式等相關費用的減免。他說，按照這一新政策的規定，大米進口商需要做的就是在通關時完整填寫貨物通關表，以便於海關對進出口貨物進行統計和記錄。

艾哈邁德強調，無論大米是什麼時候進口的，只要還沒有辦理通關手續，就照此規定執行。他同時也呼籲所有大米進口商應確信他們符合免費通關的要求。

儘管尼日共和國採取積極的措施，但國內的糧食短缺問題仍然在擴張。由於主食的缺少，糧食危機在尼日共和國轉變成麵包危機。糧食價格不斷上漲使尼日共和國人面臨艱難困境，因此在全國出現了麵包師罷工的局面。隨著麵包原材料麵粉價格的不斷飆升，再加上這場罷工，尼日共和國的麵包價格在四個月內提高了百分之二十五。

儘管人們普遍認為全球糧食危機影響了尼日共和國，但尼日共和國農業和水資源部部長阿巴·茹馬說：「目前許多尼日共和國人都以大米為主食，大米價格上漲已經影響其他主要糧食作物的價格，但尼日共和國可以解決這一問題。」

他說，尼日共和國政府把農業作為政策重點，制定短期、中期和長期計畫。他指出，尼日共和國將致力於發展水稻生產，以滿足人民需求，同時也會進口大米，以緩解大米價格上漲造成的影響。

尼日共和國總統奧奧馬魯·亞拉杜瓦也全力關注糧食安全問題，重視推進政府的農業發展計畫。他說，政府將採取刺激措施鼓勵農民種地，國家將向農民提供更多的拖拉機和改進的種苗，農民們貸款也將更加方便。

尼政府除了在國內做好糧食危機的調整工作外，也積極參與國際活動。二〇〇八年六月十八日，總統亞拉杜瓦出席在北部包奇州為紀念「世界沙漠化日」而舉辦的國家沙漠化峰會開幕式上致詞說：「在全球積極應對糧食危機之際召開這樣一次會議真是恰如其分，我國政府不會對發生在國內的糧食漲價問題袖手旁觀。」他說，尼政府在二〇〇八國家財政預算中已經加大對農業生產的投入。

亞拉杜瓦說，氣候變化是導致沙漠化的主要因素，因此，植樹造林成為尼日共和國及國際社會應對沙漠化的主要手段。他呼籲尼日共和國人，每人至少種上一棵樹以幫助地球降低溫度。他說，尼政府準備通過成立不同的機構，採取措施以應對具體的環境問題。

十三、哈薩克斯坦積極應對糧油危機

據哈薩克斯坦網站二〇〇八年四月十九日報導，食品價格緩慢但堅挺地上漲著。商店每周都要更換價目表，只有很少一部分食品還保持著原價。消費者已經不再感到不滿了，因為他們明白，所有這一切都是始於去年八月份的世界金融危機造成的。

許多人都還對去年夏末葵花油的價格一天數變的事件記憶猶新：五升裝的葵花油早晨時每桶七百堅戈，中午八百堅戈，晚上九百堅戈，而到了第二天已達到每桶一千五百堅戈。這立刻引發了搶購風潮，商店貨架上的糖、麵粉、鹽和火柴被一搶而空。在物資短缺的情況下，哈薩克斯坦人瘋狂地搶購著食物。

食品價格的上漲在居民中引起恐慌，為了防止暴亂發生，政府被迫採取緊急措施穩定局勢，即擴大食糖的進口，禁止植物油和葵花仔的出口，暫停對進口葵花油徵收海關稅。

食物價格暴漲的局勢暫時得到穩定，但食品價格仍在緩慢而堅挺地上升著。為了抑制高漲的糧價，給老百姓一個交代，哈政府成立了專門工作組監督市場食品價格，並將平抑麵包價格作為考核地方官的標準之一，甚至表示不排除政府壟斷麵包生產的可能。

哈薩克斯坦既是糧食生產大國，也是糧食出口大國。二〇〇七年，哈糧食產量高達兩千多萬噸，已出口小麥六百一十八萬噸，比二〇〇六年增長百分之四十七・五，出口麵粉一百四十五萬噸，比二〇〇六年增長百分之二十九．六。

當國際市場農產品價格上揚，哈薩克斯坦國內糧食產品造成價格大幅波動後，哈國改變了糧食出口的政策，於二〇〇八年三月初開始實行對糧食出口的限制措施。二〇〇八年四月初，哈國總理卡里姆．馬希莫夫正式宣布，哈政府推行糧食出口關稅或者完全禁止糧食出口政策。

除了採取以上的措施，據哈薩克斯坦網站報導，政府正在為糧食市場制定新的「遊戲規則」。國際市場糧食價格的飆升使哈薩克斯坦國內市場存在的問題顯露出來：哈國內糧食領域缺乏明晰的調節機制和公平的市場環境。為了應對國際糧食市場的變化，哈薩克斯坦政府著手改變國內糧食市場的「遊戲規則」，即改進產量評估體系、將糧食在交易所掛牌交易、大幅擴大國有糧食承包股份公司的職能等。

產量評估體系的不完善是哈薩克斯坦糧食市場存在的最主要的問題之一，哈議會上院議員葉夫金．阿曼說：「按現在的銷售速度，秋季前就會出現糧食不足的危險，因此，政府不得不採取應急措施。當糧食開始減少時才去研究我們有什麼，這不僅使人感到不解，而且使人感到可怕。這一研究揭示了一個事實：如果不進行核算，就不知道我們有什麼和有多少。」

除了糧食安全規劃方面存在風險外，不可靠的統計資料也影響著哈薩克斯坦的市場。例如，若虛報糧食產量，將會影響世界的糧食平衡，並相應地對糧食的價格產生影響。哈議會農業委員會委員葉爾金．拉馬札諾夫解釋說：「如果我是一個糧食進口商，我就知道，當哈薩克斯坦國內糧食存量很大時，糧價將會較低。我就可以以更低的價格購買糧食並向外傾銷。」

為了在更大程度上確保糧食統計的真實性，哈薩克斯坦農業部建議修改有關法律，每月對糧食的貯存和調運情況進行強制性統計清點。同時，糧食產品加工企業和統計人員要對提供失真的統計資料承擔行政責任，甚至農民在獲得補助的情況下，有義務每月以書面形式報告糧食總收成和消耗情況。

薩克斯坦國內糧食的直接生產者不能從糧食出口中獲益並不僅僅是由於國外糧食經銷商造成的，糧食出口的部分收入被哈薩克斯坦國內的中間商抽走了。自從去年實行糧食出口許可制度以來，哈薩克斯坦國內中間商的數量有所減少，但農業部認為市場上中間商的數量還是太多了。在糧食出口市場，中小經紀公司佔據了百分之二十的份額，每年出口糧食近一百五十萬噸。農業部部長阿克爾別克．庫里什巴耶夫說：「我們必須為糧食生產者擺脫中間商，直接向國外市場出口糧食提供所有便利條件。這一點可以通過商品交易所得以實現，其他所有的糧食出口國都是這樣做的。在交易所可以提前獲得糧食生產所需的資金，還可以進行期貨交易。在此基礎上可以對地區糧食市場的走勢做出預測並保障糧食按確定的價格銷售。」

阿拉木圖區域金融中心正在籌畫設立一個綜合性的商品——原料交易所。現在議會正在對相關法律進行審議。或許，哈薩克斯坦農業部有關在「哈薩克斯坦農產品銷售股份公司」的分支機構開設電子交易平臺的建議會被採納。

多年來，哈薩克斯坦政府對糧食承包公司的工作提供了專門的支援。在這次提出的一系列措施中再次強調了這一機構的特殊作用。農業部認為，糧食承包公司應在糧食市場上發揮與其他市場參與者不同的作用，佔據應有的地位。這一時期，糧食的價格可能會發生變化，相應地就會給糧食承包公司帶來損失。因此，需要制定一個由國家財政資金對這些損失進行補償的機制。

應該指出的是，在建立國家糧食儲備的過程中，並不是所有的糧食生產者都願意與國家相關機構開展合作。一部分人是因為國家規定的價格常常低於市場價，另一部分人則是因為不願意辦理非現金支付所需的大量的文件。考慮到這一點，糧食承包公司提出新的採購辦法。春季，他們向農民提供每公頃一百美元的財政援助。到了秋季，這些援助資金的一半要按十一月一日的價格水準用糧食來抵補，而其餘部分則作為年息百分之八的貸款。或許，這種方法對農民更有吸引力。但農業部建議，為了及時完成國家儲備糧的採購，應從立法的角度賦予州行政機關保障糧食承包公司按確定的價格採購規定數量的糧食的權力。也就是說，州行政機關不僅可以勸說農民按這些條件交售糧食，還有權採取強制措施。

拉馬札諾夫說，目前，在穩定儲備糧的採購過程中使用強制手段已不是什麼秘密了。最重要的是要在個人利益和國家利益間找到平衡點。

農業部部長庫里什巴耶夫說，為了保障哈薩克斯坦國內的糧食需求，農業部建議，為保障新糧食收穫前非產糧區及阿斯塔納市和阿拉木圖市糧食市場的穩定，作為臨時性措施應建立一個有糧食承包公司和哈薩克斯坦糧食協會成員——私營糧食公司參與的糧食干預聯盟。這個聯盟有兩項任務：一是保障內部糧食市場的穩定；二是向那些由於實施禁止糧食出口措施而未從糧食出口中獲益的糧食公司提供幫助。

無論這些措施從糧食安全的角度看是多麼必要，但一些種糧大戶卻認為這些措施都是行政性的，並提出一些其他解決問題的辦法。如，像交糧食稅一樣，每單位種植面積上交一定數量的糧食或者將這些數量的糧食折算成錢上交。許多人還有另外一種建議：由糧食承包公司負責完成所有的糧食儲備，而不僅僅是現在的一百萬噸。

拉馬札諾夫說：「在我看來，將所有三百五十萬噸糧食的採購和貯存都交由糧食承包公司負責更為簡便。然後，它再以統一的價格向各地區運送。」

但專家大都對強化行政機關在建立國家糧食儲備過程中的作用持堅決否認的態度。行政機關首先應該推動本地區正常的商業環境建設，並在糧食和麵粉出現緊缺時，盡可能與供應商就糧食供應問題達成協定。政府的任務就是對現有的市場調節方法和機制進行研究分析，而不是以行政命令的方式對市場加以干預。或許，在建立糧食安全儲備的過程中，重新發揮農業生產合作社的作用更為合理。

抑制國內市場糧食價格的上漲不能像現在這樣強迫麵包師調低價格，而應與糧食承包公司開展協作。拉馬札諾夫說：「我們調整糧食價格的時候往往忘記調整能源的價格，而能源方面的支出才是最大的費用。因此，在能源領域價格自由的情況下去調整糧食的價格是很荒謬的一件事。當價格上漲時應對貧困人口提供幫助。而富人和窮人按同樣低廉的價格購買糧食從理論上來說是不對的。「在那些用於國內市場的糧食價格中加入貯存和借貸的費用也不失為一種方法。麵粉加工企業可以在了解每個月麵粉價格的情況下合理地計畫自己的資金。

十四、俄羅斯維持糧食出口高稅率

俄羅斯土地資源豐富，其耕地面積約佔世界耕地總面積的百分之八。但在獨立以來相當長的一段時間裏，俄羅斯的糧食供給卻長期依靠進口。但隨著俄經濟發展，國力的增強，政府對農業扶持力度的加大，這種尷尬的局面終於在二〇〇一年被打破。當年俄糧食產量達到八千五百二十萬噸，這不僅滿足了國內糧食需求，實現了自給有餘，而且使俄再次成為糧食出口國。

二〇〇二年，俄羅斯糧食產量更是創紀錄達八千六百六十萬噸，糧食出口一千八百五十萬噸，成為當年第五大糧食出口國。雖然近年來俄農業生產有所下降，但總體保持較為平穩的發展勢態，糧食出口依然保持較高水準，其在國際糧食市場中的地位更加鞏固。

據俄聯邦統計局公布的統計資料顯示，二〇〇七年俄糧食產量為八千一百八十萬噸，與上年相比增長百分之四。其中最主要的糧食作物小麥的產量為四千九百四十萬噸，同比增長百分之九．七。據統計，二〇〇七年七月至二〇〇八年二月俄小麥出口一千一百七十萬噸，佔世界小麥交易量的百分之九左右，作為俄最主要出口糧食作物的小麥，主要出口至埃及、利比亞、義大利、印度、土耳其、突尼斯等國家。其為全球第四大小麥出口國。預計二〇〇七／二〇〇八年度俄糧食出口可達一千五百萬噸。因此，俄在國際糧食市場中的地位和影響力日漸增強。

然而，在糧食危機發生後，俄羅斯政府改變了糧食出口政策。俄政府透露，二〇〇七年夏天，俄羅斯國內市場的麵粉和麵包的價格受國際糧食價格上漲的影響大幅上漲。為增加國內糧食市場供應，穩定糧食價格，在二〇〇七年十月，俄羅斯糧食生產企業同政府簽定凍結糧食價格的協議，凍結期限到二〇〇八年一月三十一日。並且決定從十一月十二日起開始徵收糧食出口稅，稅率是其海關報價的百分之十，每出口一噸糧食至少徵收二十二歐元的稅，大麥的出口稅率最高，是其海關報價的百分之三十，出口一噸大麥大概徵收七十多歐元的稅。

增收關稅的消息發出後，俄市場人士對此分析說，對大麥徵收如此之高的出口稅相當於禁止出口，因為法國的大麥每噸價格為三百五十九美元，而徵稅後俄羅斯出口商不虧本的出口價為三百七十美元。小麥的出口稅則是可以接受的，今年小麥產量高於國內需求一千萬～一千兩百萬噸，多餘的糧食必將流向海外市場。

美國商務部二〇〇七年十月份的預測表明，到本季度末，世界小麥儲量將降至一九七五～一九七六年以來的最低水準。因此，俄市場人士認為世界小麥行情將看漲，儘管俄政府將徵收百分之十的小麥出口稅，但出口商依然有利可圖。這一措施未必能夠阻止國內糧價上漲。

針對在提高關稅後，糧價是否仍然會繼續增長的問題，俄羅斯農業部長戈爾傑耶夫表示，如果在徵收出口稅後國內糧價仍上漲，政府將動用儲備糧來干預市場。

二〇〇七年十月十九日，據國際文傳電訊社報導，俄羅斯政府為了穩定國內農產品價格，決定從十月底開始動用國家糧食儲備干預市場。

當時，儘管俄羅斯二〇〇七年糧食豐收，但糧價依然在上漲，一些地區三級小麥已經賣到每噸約六千五百盧布（一美元約合二十五盧布）。於是，俄農業部決定十月二十九日至三十一日在國家商品交易所投放第一批儲備糧，競價拍賣。俄農業部與聯邦價格局商定的價格上限為三級食用小麥每噸五千盧布，四級小麥四千七百盧布，A級食用黑麥三千九百盧布。俄政府可用於干預市場的糧食儲備有一百五十萬噸，主要是食用小麥。

並且，根據報導，近來俄羅斯的通貨膨脹呈加速趨勢。政府設定的二〇〇七年通膨率上限為百分之八，但是十月中旬通膨率已達到百分之八・五，預計年底將超過百分之十，價格上漲最快的是糧油肉奶等食品。九月份，俄羅斯人的主食——麵包的價格就上漲了百分之五，乳製品價格上漲了百分之七，黃油價格上漲了百分之九。

情況正如俄市場人士預測的那樣，由於糧價的漲幅一直高於關稅的上漲，因此即使政府努力控制，糧食出口仍然在增長。高出口量使俄國內糧食供應依然緊張。俄政府因此決定再次大幅提高糧食出口稅率，以穩定糧食價格。

二〇〇七年十二月二十八日，俄羅斯政府決定提高糧食出口稅，稅率由過去海關報價百分之十提高到百分之四十，這一稅收政策一直持續到二〇〇八年四月三十日。新的稅收政策規定，每出口一噸糧食至少要徵收一〇五歐元的稅。這一高稅收政策旨在限制糧食出口，增加國內糧食市場供應，穩定糧食價格。

俄政府提高關稅的措施並沒有取得預想的效果。二〇〇八年二月二十一日，俄羅斯《獨立報》以《農業部沒能阻止價格上漲》為題刊登一篇這樣的文章：

俄羅斯政府防止糧價上漲的種種措施均告失敗，近期小麥價格仍上漲百分之五十以上。資料顯示，二〇〇八年頭兩個月，三級小麥的價格從每噸五千盧布（一美元約合二十四・五盧布）上漲至七千八百盧布，近期糧食及其製品價格將繼續上漲。

去年秋天，俄羅斯國內糧價急劇上漲，當三級小麥價格超過每噸五千盧布後，政府動用儲備糧對市場進行干預，截至今年二月十九日國家已投放七十五・五萬噸小麥，其中三級小麥六十八・五萬噸。與此同時，俄政府對小麥出口採取限制性措施，徵收百分之四十的高額出口稅。但是這些措施都沒能阻止糧價上漲。

市場人士認為，俄農業部投放的糧食太少，不足以根本改變糧食市場的狀況。目前國家用於干預市場的糧食儲備僅剩七十多萬噸，市場擔心這些儲備糧是否可以維持到新糧上市。

因此，為進一步穩定市場，俄羅斯政府將糧食出口關稅政策實施期限從原計畫的四月三十日延長至七月一日。俄農業部長戈爾傑耶夫說：「對糧食出口實施高稅率實際上就是禁止出口。」

除了在利用關稅手段進行糧食出口的調節外，俄政府也正尋求通過其他手段干預出口。俄政府於二〇〇七年十月份曾宣布可能會成立一家國營公司來加強其對糧食總體供應形勢的監管，尤其是在出口方面。

大力發展農業，增加糧食產量也是俄羅斯政府控制糧食價格上漲的措施之一，根據二〇〇七年七月通過的「俄羅斯二〇〇八年至二〇一二年農業發展規劃」，俄中央政府和地方政府將在二〇〇八～二〇一二年的五年間，向農業撥款一・一兆盧布，扶持和促進農業發展。根據規劃，在未來的五年中，俄糧食產量預計將逐年穩步提高，二〇一二年小麥產量將達到五千萬噸。

按世界糧農組織的估算，二〇〇七年俄國內糧食消費總量將在六千六百五十萬噸左右。即使隨著經濟發展，糧食消費有所增加，俄糧食生產依然可以滿足國內需求，而且還將具有較強的出口能力。

經過近年來的發展，俄已成為世界最重要的糧食出口國之一，在世界糧食市場的地位不斷提高，其影響也在不斷擴大。正是在這一背景下，俄羅斯農業部長阿列克謝·戈爾傑耶夫於二〇〇七年六月在俄羅斯·烏克蘭農工綜合體問題委員會會議上，首次提出了成立「糧食 OPEC」的構想。

十五、法國允許糧食轉基因

二〇〇八年四月二十日，在加納首都阿克拉舉行的第十二屆聯合國貿易與發展大會上，聯合國秘書長潘基文警告說：「全球糧價上漲正抵消各國在脫貧方面取得的進步，如果任其發展，還可能損害世界安全與經濟增長。」

在市場經濟下，糧食價格的起落雖是正常的市場現象，但如果任其大幅度增長，勢必會對國家經濟的發展和國家安全造成障礙，因此，面對國際高糧價的危機之下，全面市場調整遠水不解近渴，各國紛紛想出不同對策。

據悉，在米麵價格飛漲時，平日不甚起眼的馬鈴薯發揮了作用，在一定程度上緩解糧食壓力。摻雜了三分之一馬鈴薯粉的麵包成為秘魯學校與軍隊的必備主食；在孟加拉，政府甚至呼籲當地人改變飲食結構，將馬鈴薯當主食吃。孟加拉陸軍參謀長宣布，所有軍人每天的食物中都必須包括一百二十五克馬鈴薯，該國農業官員拉赫曼說：「如果我們多吃馬鈴薯，大米價格就可以下降，農民也會更多的獲利。」

在政府大力提倡國民吃馬鈴薯的情況下，撒哈拉以南的非洲的馬鈴薯產量的增長超過任何作物。中國社科院農村發展研究所研究員李成貴說：「馬鈴薯極易生長，非常抗旱，只需五十天就能成熟，產量是小麥或水稻的兩到四倍，在糧食危機中可以『救命』。」

「發展中國家消耗的馬鈴薯數量遠遠小於發達國家」李成貴說。過去四十年中，發展中國家的馬鈴薯消耗量翻了一番，但總量仍比歐洲少，這正是發展中國家擺脫饑荒的潛力所在。有關分析人士認為，馬鈴薯分量大、易腐爛，難以成為全球大宗商品，不會引起國際投機商的興趣。

而在這場全球性的糧食危機中，法國改變了以前反對糧食農作物轉基因的立場，儘管不少法國人對轉基因作物的敵視由來已久。他們認為，雖然轉基因技術能提高作物產量或增強作物的抗病蟲害能力等，但可能會對環境和人類健康造成不良影響。因此，二〇〇八年初，法國政府曾宣布暫停種植國內唯一一種轉基因作物——MON810型轉基因玉米。

隨著國際市場上小麥、玉米和大麥等農作物價格普遍上揚，法國國內要求接受轉基因技術以提高作物產量和抗病蟲害能力的呼聲漸起，使得官方機構日益理性看待轉基因作物，以應對食品供應方面的挑戰。

經過一周的激烈辨論，二〇〇八年四月九日，法國國民議會通過一項旨在規範轉基因作物種植和銷售的法律草案，允許轉基因作物在法國種植。

根據這一法律草案，法國農業生產者在不危及環境和傳統種植業的條件下，可自由決定是否種植轉基因作物。草案還授權一個名為「生物技術最高委員會」的機構負責監督轉基因產品問題，並隨時向政府彙報。該草案還規定，破壞轉基因作物者將面臨兩年監禁和七．五萬歐元的罰款，如果被破壞的是用於科研領域的作物，那麼懲罰措施將更加嚴厲。

在此以前，法國的一些機構對種植轉基因作物一直持堅決反對態度。這一決定引發了很大爭議。但在國際市場農產品價格上漲和歐盟市場飼料供應趨緊的情形下，法國不得不以更加務實的態度對待轉基因產品。

轉基因農作物的技術在推廣時，曾遭到絕大多數國家的反對，這一技術的宣導者們在強烈的公眾反對面前心驚肉跳，反對生物燃料的政治勢頭越來越大，特別是在歐洲。

為了減輕對中東進口原油的依賴，美國是乙醇等生物燃料的強烈支持者。二〇〇七年二月，玉米的價格達到創紀錄的五．七美元一蒲式耳，布希總統說：「你只要看看玉米的情況，就能明白食品和能源的衝突了。」

在布希的談話之前，美國農業部（USDA）曾警告說，二〇〇八年美國乙醇產業的玉米消費比例將從二〇〇七年的百分之二十五增加到將近三分之一。農業部的首席經濟學家約瑟夫．格勞伯也警告生物燃料產業的「空前擴張」將使農業生產持續吃緊：「未來兩到三年價格仍將走高。」

決策者們說這次反對的浪潮雖然不能終結生物燃料產業，但也能減緩其在歐美的擴張，同時將生產都集中在巴西等發展中國家，因為在那裏的效率更高。比如，德國的生物燃料生產已經下降，因為政府在二〇〇六年底就開始對該部門徵稅，並且在今年一月再次提高稅率。

經濟學家和食品工業的首腦們也認為，如果想要保持糧食的低價，各國政府必須消除某些對轉基因作物的懷疑。大部分西歐國家以及包括日韓在內的一些亞洲國家的消費者，對利用轉基因作物生產食品歷來抱持懷疑。

哈迪．維艾拉是商品共同基金（CFC）的發展經濟學家，該組織設在阿姆斯特丹，是聯合國的下屬機構。他說轉基因作物可以解決由全球食品需求上漲引起的農業原料短缺問題。「各國政府必須對食品價格上漲做出反應，允許進口和生產轉基因作物。」

據統計，在二〇〇七年，有二十三個國家在種植轉基因作物，包括十二個發展中國家，全球的種植面積達到一．一四三億公頃，比二〇〇六年增長了百分之十二，在過去十年中則增長了十倍。美國在過去十年一直種植各類轉基因玉米和大豆，它們使糧食產量增加了百分之十五。

同時，長期以來抵制轉基因作物的國家也開始接受他們。二〇〇八年二月，韓國的一家食品業巨頭首次同意進口轉基因玉米用於食品生產，打破了這個亞洲國家的社會禁區。

歐洲農民團體農業合作總局（Cogeca）的高級政策顧問瑪麗．克莉絲汀．里貝拉說：「歐盟的農民希望和其他地方的農民『站在同一條起跑線上』，能夠自由選擇是否種植轉基因作物。我們高度依賴進口糧食來餵養牲畜，迫在眉睫的問題是如何確保充足的食品材料供應。」

伊恩．弗格森是製糖和玉米加工企業泰特利樂的執行總裁，也是英國的食品飲料聯合會的主席，他說如果歐洲消費者繼續抗拒轉基因作物，就會遭受經濟損失。

各國政府，特別是發展中國家也面臨著越來越大的壓力，必須加大農業投資來減輕對食品進口的依賴。世界銀行的經濟學家唐納德．米契爾說：「食品價格的上漲促使國家更迫切地保障其國內供應。如果某國大量依賴食品進口，那麼世界儲備的降低和出口禁止的頻繁就會引起它的關注。」

英國全國農民聯合會（NFU）主席彼得．肯德爾在二月份的年會上說，他認為沒有比找到養活這個世界的方法「更重大的挑戰」了。為了滿足全球的需要，未來四十年中全球糧食產量必須增加兩到三倍。他呼籲英國政府樹立「一個農業新理念」，將其作為一個高科技、科學為本的產業。

這個「農業新理念」是否能為決策者提供解決這個問題的必要手段，還是個未知數，但分析家和產業首腦們都認為，這能成為食品價格上漲問題政治性解決的開端。

專家預測，隨著轉基因作物在越來越多的國家普及，隨著具有更多特性的轉基因作物不斷出現，轉基因作物的前途一片光明。二〇〇六～二〇一五年間，如果轉基因水稻實現商業化，將使兩千萬農民種植轉基因作物的保守估計大幅提高至八千萬，因為全球現有二．五億稻農中約有三分之一將種植轉基因水稻；現有稻農絕大多數生活在亞洲，屬於資源短缺型小規模農民。具有抗蟲特性的水稻將會有力推動實現聯合國確定的到二〇一五年將貧困和饑餓人口減少百分之五十的「千年發展目標」；具有強化維生素A的金色大米將會極大地改善人類的營養狀況。

在良好的發展勢頭下，到二〇一五年，全球轉基因作物預計將推廣至四十個國家，種植轉基因作物的農民預計將增長至兩千萬，種植面積預計將增長至兩億公頃。具有抗旱特性的轉基因作物預計將在二〇一〇～二〇一一年間出現，並將使得遭受乾旱之苦的發展中國家能夠提高作物生產能力。

十六、英國放寬糧食轉基因政策

英國作為世界發達國家之一，當糧食危機席捲全球時，首相戈登．布朗並沒有袖手旁觀，而是採取了積極的行動。

二〇〇八年四月，戈登．布朗呼籲國際社會採取行動控制世界糧食價格上漲。他說：「世界糧食價格上漲威脅到近年來我們的發展所取得的進步，挨餓人數呈增長趨勢。國際社會必須全面協調對此作出反應。我們既需要有短期的緊急應對當前困境的行動，也需要有中期應對挑戰的戰略框架。短期措施可包括向進口糧食的發展中國家提供更多的支持，同時增加人道主義援助。」

同時，布朗還敦促八國集團要求世界銀行、國際貨幣基金組織和聯合國共同制定一項戰略以應對糧價上漲問題，並且建議就全球貿易改革達成協定，幫助解決糧食價格上漲危機。

四月二十二日，布朗在倫敦主持峰會，討論應對全球糧食價格上漲問題。參加此次峰會的共有二十五人，包括世界糧食計畫署執行幹事約塞特．施林、非洲開發銀行行長唐納德．卡貝魯卡、農業問題專家、商業人士和農民代表等。布朗和他們共同制定了應對全球糧價上漲的計畫。

布朗在發言時說：「近年來我們為數百萬人脫離貧困做出巨大努力，但糧食危機可能使這一努力倒退。」他呼籲廣大國際社會幫助農民們進行一場「農業革命」，以提高糧食產量，同時增加糧食儲存和銷售投入，幫助農民們擁有更好的糧食銷售管道。

為了加快「農業革命」的步伐，六月五日，英國政府現任首席科學顧問約翰．柏丁頓再次呼籲發起一場新的農業綠色革命，以應對全球糧食危機。

五日是世界環境日，在英國舉行的切爾滕納姆科技節上，約翰．柏丁頓教授說必須在新的綠色革命裏尋求突破來解決因氣候變化引起的問題。他呼籲要更廣泛地使用肥料、灌溉以及研究更先進的殺蟲劑。他還指出轉基因食品有潛力幫助人們渡過糧食危機。

在以約翰．柏丁頓教授為代表的倡議下，英國政府擬放寬轉基因政策，以此來應對糧食危機。英國部長們表示，飆升的糧食價格和在世界最貧窮國家的糧食短缺意味著放寬農作物轉基因政策是最好的選擇，英國應該改變對轉基因食品的政策。

六月十八日，英國環境部長菲爾．伍拉斯（Phil Woolas）與英國農業生物技術理事會舉行會談。該理事會於二〇〇〇年成立，致力於宣傳和推廣生物技術在農業生產中的作用，理事會的代表均由來自孟山都、拜耳糧食科技、巴斯夫、先鋒（杜邦）世界各大生物公司選派的人員擔任。

伍拉斯說：「有一個問題越來越值得我們關注，即轉基因農作物到底能否幫助全世界擺脫目前的糧食危機。這也是我們作為一個國家，需要質問我們自己的問題。爭論已經開始，許多人為發展中國家的貧窮而擔憂，而這一問題同時也在進一步惡化那裏的環境。」

伍拉斯的話與英國環保組織的立場相衝突，因為據以往的調查顯示，歐洲有將近七成的民眾反對轉基因食品。他們指控說，轉基因工程正試著引發全球危機，以此贏得對轉基因食品的批准。

二〇〇四年，在經歷了一場激烈的公眾大討論後，英國政府決定不對轉基因實行科學案例上的全面禁止。英國政府決定，只有當有證據證明對人類健康和環境並無威脅後，該轉基因食品才能獲得許可。當時，英國本土並沒有種植轉基因食品，只有在劍橋郡的實驗地上種植轉基因土豆。

然而在糧食危機爆發後，希望轉基因食品政策解禁的內閣大臣認為，英國應該有從本質上改變全球糧食危機的責任，增加產品才是降低食品價格的最佳途徑。

內閣大臣的建議被英政府提上日程，十九日在布魯塞爾召開的歐盟峰會上，布朗提出「六點計畫」，放寬了糧食轉基因的政策，以降低食品價格。

綠色組織對此相當憤怒，他們希望政府能重新考慮這一問題。在受到來自美國的壓力後，歐盟也開始重新審視其對轉基因食品的立場。美國已經全權控制著轉基因工業。法國、德國和奧地利雖對此表示懷疑，但歐洲委員會相信，放寬這項禁令會幫助解決全球糧食危機。

除了放寬糧食轉基因政策外，二〇〇八年七月六日，英國首相戈登·布朗還呼籲英國人不要浪費糧食。據統計，英國人每年丟棄的食物價值超過十億英鎊（約合二十億美元）。

自去年六月就任首相後不久，布朗便責成相關部門就糧食政策展開調查研究。經過十個月的調查研究，相關部門作出了長達一百四十頁的報告。英國《泰晤士報》援引報告結論說，浪費是糧食價格攀升的原因之一。

報告指出，英國家庭每年浪費總計大約四百萬噸糧食，平均每個英國家庭一年浪費價值大約四百二十英鎊（八百四十美元）的糧食。

報告資料顯示，平均每個英國家庭如今用於買糧的支出佔家庭總支出的百分之九；一九八四年時這個數字為百分之十六。不過，英國最貧困家庭依然有百分之十五的開銷用於買糧，而最富裕家庭的買糧費用僅佔家庭總開銷的百分之七。

布朗說：「如果我們想要糧食價格回落，必須做更多事情，例如我們每個人為減少糧食浪費多出一份力。」

就糧食危機問題，英國《金融時報》也發表自己獨特的見解。英國金融時報亞洲版主編維克托．馬萊認為，要扼制糧食危機，就需從三個方面著手。

首先是國際農業貿易亟需持續的自由化。他說，可能有些令人驚奇的是，此次危機的直接原因並非食物短缺。問題在於傳統出口國突然不願出售剩餘糧食。就像失靈的信貸市場中的信貸提供者一樣，每個生產國都正在囤積糧食，以備本國不時之需，原因是它們懷疑自己的貿易夥伴也會這麼做。對於市場效率及流動性的信任已蕩然無存。

他認為，農業保護主義不是什麼新事物，關稅與補貼早已嚴重扭曲國際市場。主要生產國（尤其是歐盟與美國）部分出於對糧食安全的考慮，一直戒心十足地保護自己國內的農業不受外國競爭的影響。如果農業貿易能夠自由化，糧食危機就不會越來越嚴重，糧食價格也不會大幅度上漲。

其次是各國的國內政策需要改變。他說，像國際貿易一樣，國內農產品貿易往往受到嚴重扭曲。發達國家往往犧牲消費者利益，以支持它們的農民。而發展中國家通常會犧牲農民利益去補貼城市居民，農民面對較低的糧食價格，沒有任何動力去提高產量。

第三是各國政府需要檢視自己的人口政策並限制人口增長。他在文章中說，雖然現在還有足夠的糧食分給大家，但你不必是一名新馬爾薩斯主義者，就會擔心全球每年增加八千萬人口對糧食需求的影響，或者注意到人口迅速增長的國家（如印度、菲律賓及埃及）尤其容易受全球糧食貿易動盪的影響。

《第三章》

糧食衝擊波——世界糧食危機的背後

一、重工輕農打擊農民的積極性

近年來，多數國家將發展重點放在工業和高新科學技術上，尤其是作為糧食主產區的東南亞國家近幾年推行的「快速工業路線」，強行讓製造業快速「上軌」，在這個過程中，不惜讓農業作出巨大犧牲。長期輕農的結果是，糧食產量下降，導致供需失衡。

自上世紀七〇年代末開始，東南亞就開始專注電子產業，電子工業雖然形式上是高技術產業，但因為核心技術的缺失，與服裝製造等產業相比在技術上沒有什麼壁壘。前期的超額收益很快便被新興的中國攤平，東南亞開始放棄實體，轉而打造亞太金融圈（包括穆斯林金融中心），但在遭受到金融風暴的打擊後，又開始反思新的經濟發展之道。

在二〇〇〇年以後，東南亞國家前所未有地加大對工業的重視度，大力削減對農業的支持和投入，工業在國民經濟中佔有很大的份量，致使農業總生產率和產出水準一直保持下降狀態。聯合國統計數字顯示，二〇〇五年，大米主要出口國泰國、馬來西亞的農業GDP總量下降到不足百分之十，印尼和越南也不到百分之二十。

國家的資源和人力集中於第二產業，農業發展不受重視而長期停滯不前。其中最為典型的例子就是菲律賓。在上世紀七〇年代，菲律賓的工業製成品出口僅佔全部出口額的百分之七，而到了二〇〇二年，菲國的工業製成品所佔比例達到了百分之九十．八。與此同時，該國也由糧食出口國變為世界第一大米進口國。這樣該國將本屬於自身的糧食生產任務推卸到其他國家，經濟的高速增長建立在日漸薄弱的農業基礎之上。

菲律賓是一個九千萬人口的國家，在東南亞地區中人口並非最多，氣候條件也適合稻米種植，卻年年需要靠進口滿足國內需求，大米的進口量已從一九九七年的七十二萬噸激增至二〇〇七年的一百八十七萬噸。對連年需要進口糧食，當年媒體普遍認為，這是菲長期忽略農業發展，只致力於高增長行業的惡果。

二〇〇七年菲律賓GDP增長率達到三十多年來創紀錄的百分之七．三，但這一高增長卻是建立在「輕農」政策上的。在加強工業產品出口以拉動經濟的同時，近年來菲政府對農業的支持力度卻不斷削弱，大米生產的增長率僅維持在百分之一．九的低水準，糧食增產追不上人口年均百分之二．三六%的增長，更趕不上消費需求上升。由於人口的增長，菲全國二〇〇七年的大米消費量由兩年前的一千零五十九萬噸增加到一千兩百零五萬噸。

大規模的進口量開始引起菲律賓政府的重視，參議院主席敦促政府在農業上加大投入，並指出菲律賓的水稻產量有百分之十五因為沒有乾燥機、倉庫和其他收穫後所用的設備而被損失。這等於損失掉一百四十九．四萬噸大米，足夠抵消一年的進口。

現在，國際市場糧食暴漲，菲律賓政府不得不吞食長期輕農的惡果。瑞士信貸銀行的預測，菲目前的大米危機將使該國損失今年百分之一國內產值。

除了東南亞地區以菲律賓為代表的國家重工輕農外，而作為人口大國的中國也存在同樣的情況。在中國，許多政府領導的執政思想都是要優先發展工業。他們認為，綜觀全世界富裕地區，沒有一個地方是因為優先發展農業而富裕起來的。也正是因為有了這樣的思想，導致農民因在農業方面收益低而離開土地，尋找新的生存之路。這樣，農民越來越少，可耕地面積也在大幅度減少。

二〇〇八年四月，在重慶的永川、合川、璧山等一些糧食產區，記者看到不少農民正在種植稻穀，但面對記者的採訪，他們卻滿腹牢騷。

多數農民發出感歎：「種糧賺不到錢，還不如外出打工。」因為種糧賠錢，一些人已經不願意再種糧，在重慶合川區的一片農田裏，耕地上雖然種滿各種農作物，但多數農民表示，等收完已經種植的莊稼後，他們就不再種糧食了。

因為糧食收入低，所以合川區的青壯勞力大多都外出打工，留在家裏的是一些老人和孩子。這些老人都願意種省時省力的小春作物，對費時費力，還賺不著錢的稻穀，不少人都打起退堂鼓。

據重慶市農業局副局長張洪松透露，隨著四百萬青壯勞動力外出打工，大量的村莊只有老人和孩子留守在家裏，為此，二〇〇八年一月，重慶市政府發布了《關於切實解決撂荒地問題的通知》。這個通知中明確規定：農民如果連續二年撂荒耕地，他們的土地將被收回。農業局想以此政策來防止土地大面積撂荒。

農業局為了將通知落實到每個村莊，他們給基層政府施加「壓力」，通知規定：當年大春撂荒地超過常用耕地數量百分之一的產糧大縣，要扣減百分之十獎勵資金。在這種壓力下，個別基層政府為了讓農民種糧，甚至還拿出了土政策。

為了防止土地撂荒，重慶市制定相應的政策，而在今年三月，中央財政也決定再拿出一百五十六億元投入，給每畝糧食種植面積增加農資綜合補貼二十三元，達到四十元，同時再追加五十億元良種補貼，擴大補貼範圍，國家的這些補助，雖然都直接花到種糧農民身上，但糧農還是認為種糧賠錢。

為了弄清楚這個問題，重慶江津區雙福鎮高滸村的村民左宗全算了一筆帳。他說，一畝水稻請人犁地、插秧、收割就要三百多元，但今年種子、化肥價格上漲得厲害，這樣算下來，每畝的成本大約在四百五十元左右，而一畝水稻平均產稻穀九百斤，以現在每斤稻穀九毛錢計算，每年的收入是八百一十元，加上四十元的政府補貼，總收入為八百五十元，雖然從表面上看，種一畝水稻賺四百元左右，但這筆帳還沒有計算日常人工管理的成本，種一季稻子要花十天時間進行管理，如果利用這十天去打工，至少可以收入五百元，這麼算下來，與打工相比，種一季水稻反而少收入一百元。而如果是出去打工，起碼一個月掙一兩千塊錢。

當種糧還不如外出打工時，種糧就會成為副業，打工反而佔主業。永川區農業局副局長王棟林說：「單獨一家一戶肯定是虧損的，他也就是賺點自己吃，然後就把自己那部分的勞力不算錢，應該說是沒有什麼效益。」

重慶人多地少，按照目前的糧價，一畝地的投入產出，無論如何也不能和農民打工的收入相比，因此，大部分農戶認為種糧並不賺錢，從而對糧食種植粗放管理，不願學習種糧技術，雖然目前重慶耕地和稻種有著畝產一千四百斤的潛力，但目前的平均產量也只有八百斤。

糧食單產難以提高，農民家裏的存糧也在減少，在重慶合川區的一個小鎮上，一個收糧賣糧的經營戶告訴記者，去年同期，每逢趕場他都能收到一兩千斤稻穀，但現在，他只收到幾十斤。

重慶一些農民種糧熱情不高，很關鍵的原因在於種糧收入趕不上外出打工，再加上耕種方式粗放，糧食產量有限，收益偏低。那麼通過流轉的方式把土地集中，發揮規模效應、擴大產量，是不是就能讓當地的農民種糧呢？

在江津區雙福鎮，記者看到六百畝的稻田流轉給恆河果業有限公司後，被種上柑橘，像這樣的柑橘園，每畝接近四千元的淨利潤遠遠超過糧食。

離這個示範園不遠的另一塊大田，上百畝的耕地流轉後變成柑橘種苗園和檸檬園，重慶市恆河果業有限公司技術部經理李隆華告訴記者，檸檬園的經濟價值更高，每畝可達到六千到一萬元的產值。

李隆華告訴記者，像這樣的種植園，他們計畫在重慶發展十八萬畝，另外，在重慶璧山縣新堰村，記者看到，以往的耕地都被改種蔬菜。

重慶市璧山縣新堰村村民伍思群告訴記者，她把別人棄耕的二十多畝水稻田承包過來後，都改種了經濟價值比較高的番茄，每畝淨利潤也可達五千塊錢。

另外，在永川區農業局提供的這份情況介紹上，記者也看到，佔永川土地承包總面積百分之二十五的耕地已經實現流轉，據估算，計畫流轉的土地面積將達到耕地面積的百分之四十，但是，記者同時也發現，大量的耕地流轉後種了桑樹、茶葉、和各種果樹等經濟作物。

在中國，大部分農村都存在同四川一樣的情況，因為種糧收益低，而使家庭主要勞動力外出打工。即使在糧價高漲後，農民的積極性仍然不高。

因此，要想解決這個問題，一方面需要國家加大對農民種糧的補貼，另一方面也需要相關部門在種子、農藥、化肥這些與農民收入息息相關的生產原料價格方面加強調控。

二、人口增長過快使供需失衡

糧食是人類賴以生存的物質基礎，是維持社會安定的先決條件。然而，隨著人類社會的發展，全球人口數量幾乎在直線增長。一九九九年全球人口為六十億，到二〇〇五年時，人口已高達六十五億人，增長速度大約為每天二十萬人。許多國際專家預測，到二〇五〇年，全球人口數量將增長至九十二億。

人口在大幅度增長，可是受城市擴大、土地荒漠化和缺水等因素的影響，全球可耕種土地面積卻明顯減少。過去幾十年間，人類一直在和饑餓鬥爭。儘管全球處於饑餓狀態的總人數已經從一九七〇年的九．六億降到現在的八億，但饑餓人口佔世界總人口的比例仍高達百分之十三左右。糧食短缺問題在發展中國家顯得尤其突出。在發展中國家，有五分之一的人無法獲得足夠的糧食。在非洲地區，有三分之一的兒童長期營養不良。全世界每年有六百萬學齡前兒童因饑餓而夭折。而在高糧價的今天，饑餓問題更為嚴重。

人口增長過快，不僅對未來生態系統和各國政府帶來壓力，也造成糧食供需緊張的局面。資料顯示，從一九五〇年到一九八四年，世界糧食產量的增幅遠遠超過人口的增長速度，但此後糧食產量的增長一直落後於人口的增長速度。根據美國農業部的統計，截至現在，人均糧食產量下降了百分之七（每年下降百分之〇．五）。一九八四年以來世界糧食產量增長減緩，其原因是缺少新墾土地和減少灌溉和用肥的投入增長量，所以土地回報率下降。

既然農業已無尚待開發的耕地供開墾，那麼未來糧食產量的增長幾乎完全要靠提高現存土地的生產率來實現。令人遺憾的是這正變得越來越困難。在人均耕地面積日益減少，人均灌溉量下降和作物產量隨過量用化肥而減少時，世界農業正面臨著扭轉這種日漸下滑局面的挑戰。

從上世紀中葉以來，產糧面積通常作為耕地的代名詞，產量增加百分之十九，而世界人口卻增長了百分之一百三十二。人口增長使耕地退化、產量減少。隨著人均糧食面積的縮減，越來越多的國家承受著失去糧食自給自足能力的危險。

國際調查研究機構在一九九八年曾對世界上人口增長最快的四個國家進行了調查研究，在一九六〇~一九九八年間，巴基斯坦、尼日共和國、埃塞俄比亞和伊朗等國人均耕地面積減少了百分之四十~百分之五十，預計到二〇五〇年將減至百分之六十~百分之七十，這只是假定農耕地不再減少條件下的一項保守估計。其結果會使上述四國人口總數在十億以上，而人均耕地面積僅僅在三百~六百平方米，小於一九五〇年人均耕地面積的四分之一。

在耕地面積越來越少，人口越來越多時，必然會造成糧食供需緊張的局面。聯合國貿易和發展會議秘書長素帕猜二〇〇八年四月十九日說，目前全球出現糧食短缺的主要原因是世界人口增長過快、氣候變化、能源價格上漲以及生物燃料生產擴大等。而農業國家的工業化，較不發達國家與發達國家之間農業生產力差異的擴大和用於農業的外國援助持續減少等發展趨勢則為當前的糧食危機推波助瀾。

糧食供給不足將使窮國越來越窮，特別是撒哈拉以南的非洲各國前景堪憂。聯合國糧農組織最新調查顯示，全球營養不良人口有八．五四億，其中僅撒哈拉以南的非洲就有二．〇六億。

從世界糧食的供求變化來看，在上個世紀六〇年代後半期之前，受技術開發等因素的影響一直供大於求。進入七〇年代後，受氣候異常和石油危機影響又供不應求。從八〇年代後半期開始，由於歐盟從政策上支持糧食生產，一度出現糧食生產過剩。但進入九〇年代後，氣候異常頻發再次導致庫存銳減。而在現在，人口的增長給人類帶來的糧食爭奪戰成為糧食供不應求的結構性原因。

據悉，二〇〇八年五月十五日，在塔吉克斯坦首都杜尚別召開了「農工綜合體的發展：改革和調整」科學實踐會議。與會者就塔吉克斯坦擺脫經濟危機的出路和辦法發表自己的意見。會議指出，發生在世界許多國家的糧食危機有可能持續到二〇一五年，因此，塔吉克斯坦必須找到解決這一問題的辦法。

專家們認為，導致塔吉克斯坦糧食危機的原因之一是人口過快增長。與一九九一年相比，塔吉克斯坦的人口增長了百分之三十。塔吉克斯坦經濟發展和貿易部經濟研究所的專家指出，為了保障國家的糧食安全，首要的任務就是要解決農業技術的現代化改造問題。除此以外，國家相關部門加強對糧食生產和銷售領域的監管也是解決糧食安全問題的重要方面。

隸屬塔吉克斯坦總統的戰略研究中心主任蘇赫洛普．沙利波夫稱，解決糧食安全問題是塔吉克斯坦政府重要的戰略規劃之一。他指出，在使用外資的問題上首先應從國家利益出發，而不能去迎合一些國際金融機構的不合理要求。

除了塔吉克斯坦因人口增長過快導致糧食短缺外，中國第一缺糧大省——廣東的糧食問題可以說相當突出。二〇〇八年四月十六日，來自省發改委的消息顯示，二〇〇七年廣東省糧食需求約三千七百萬噸，本地生產一千兩百八十五萬噸，外採糧食兩千五百萬噸。也就是說，廣東三分之二的糧食需要向外採購。

然而，伴隨著糧食問題的人口問題在廣東也日益凸顯。以前人口每增長一千萬，需要用上十年或二十年的時間。然而從二〇〇四年到二〇〇七年，僅僅三年的時間，廣東人口就飆增了一千一百萬。加速度增長的常住人口不但給廣東的人口管理帶來一定的難度，也給糧食問題帶來不小的壓力。

一方面是不斷增長的人口，另一方面是不斷上漲的糧價和不斷需要的糧食，如何解決這兩大問題所帶來的挑戰，既向廣東發出了挑戰，也向中國發出了挑戰。對廣東來說，可以通過減少常住人口來解決人口的壓力，但如何減少，卻仍是個兩難問題。廣東一直是以勞動密集型企業而獲得競爭優勢，這是常住人口增加的主要原因。當然，產業要升級，企業要轉型，會間接減少常住人口。可是如何在這個轉型期內保證這些常住人口的糧食需要，這是眼下必須面臨的現實。

其實，每座城市都有自己的容量，比如說廣州的規劃部門認為廣州人口極限是一千五百萬人。且不管數字是否完全精確，但至少有一定的科學道理。英國的經濟學家馬爾薩斯在《人口論》中說：人口與食物間的不平衡總是通過抑制人口增長而加以改善。雖然他所說的抑制手段不可效仿，然而其對兩者間的關係的分析有一定的道理。

人口呈加速度增長的廣東不可能完全靠自己來解決糧食問題，作為工業化大省，廣東是以工業產品來換取糧食，那麼糧食問題就要放大到全國範圍來考量。當越來越多的人口需要相應的糧食消費時，當我們食物結構的改變消耗掉更多的糧食原料時，如何做到「手中有糧，心中不慌」，就不僅是解決人的基本生存問題，更關係到國家安全的問題。

三、美元貶值，糧食價漲

縱觀歷史，全球曾發生過好幾次糧食危機，但是如二〇〇七年一般的全球性價格上漲，卻極為少見。二〇〇七年十二月，芝加哥小麥、玉米和大豆月均期貨價格分別達到每噸三百三十六·九美元、一百六十六·八美元和四百二十三·一美元。

伴隨著糧食危機的是美元大幅貶值。自二〇〇二以來，美元已經貶值超過百分之三十，二〇〇七年，美國次級房貸危機爆發後，又進一步加速了美元貶值。

而在世界主要農產品出口國中，除了美國外，歐元、澳元、巴西雷亞爾等貨幣都非常堅挺，這在一定程度上促使以美元結算的農產品價格上升。除了農產品以外，二〇〇七年國際所有大宗商品市場幾乎都出現全面上漲情形。生物燃料的發展，更是打通了石油和糧食之間的價格通道。

「目前的供應缺口，並不足以支撐如此高的價位。」東方艾格分析師馬文峰說，「根據歷史經驗，每逢美元貶值的周期出現，糧食一定會漲價，並且一些國際機構也會發布一些導向性的資料，來促使糧食漲幅高於美元貶值幅度，以促進農業增加生產。」

例如，二〇〇七年十二月，芝加哥統計機構發布消息說，預計二〇〇八年小麥播種面積可能增加，在這個消息的影響下，芝加哥小麥期貨從歷史高位小幅下滑。但隨即美國農業部更正了芝加哥統計機構發布的消息，稱冬小麥播種面積遠遠低於分析師的估計，隨即小麥期貨又重新上揚。

由此可以看出，糧食的價格在一定程度上受導向性資料的影響。而糧食價格大幅度上漲，受益最大的是大量出口糧食的美國。據官方統計數字顯示，二〇〇七年，美國農場純利潤達到八百七十億美元，比十年前上漲了百分之五十。但是與此同時，美國農業部的報告稱，美國自己的小麥庫存也將在二〇〇八年降到六十年來的最低點。

「重要的原因在於商業炒作。」南京財經大學糧食經濟研究所教授李全根說，世界糧食缺口並不如人們想像中那麼大，世界糧食貿易量已經多年來穩定在二．五億噸左右的水準，人口增長速度也相對穩定，而這一輪的糧食上漲周期呈現從期貨到現貨、各大糧食品種交替領漲的情況，顯然與各路資本炒作有關。

羅傑斯、巴菲特等相繼宣布，大量買入小麥、玉米、大豆、棉花等農產品期貨合約。在二〇〇七年十一月到二〇〇八年一月的三個月時間裏，芝加哥大豆投機持倉由六萬張左右，增加到超過七．五萬張。

而在中國，根據統計局同時公布的資料，二〇〇七年全國糧食再獲豐收，全年糧食總產量達到五萬零一百五十萬噸，比二〇〇六年增產三百五十萬噸，增長百分之〇．七，成為歷史上第四個高產年，這是一九八五年以來中國糧食生產首次實現連續四年增產。

糧食大豐收，供需平衡，而糧價卻反其道而行，出現大幅上漲。根據價格由供求決定的原理，價格的大幅上漲必然是供求兩方面的因素決定的。供應方面，二〇〇七年糧食大豐收，說明供應比往年還更加充足，問題顯然不是出在供應方面。

從需求方面來說，造成需求增長的原因一般有幾個因素：一是全國人民在糧食消費方面大增，以至於糧食消耗量暴漲。二是用於釀酒和用來煉製乙醇汽油的玉米數量增長過快。三是，國際市場上對中國糧食需求增加，糧食出口暴增。四是國際糧價上漲，倒逼國內糧價上漲。

綜觀這幾方面的原因，中國並沒有存在這樣的情況。二〇〇七年糧食的需求並沒有發生戲劇性的變化。這就使我們很難根據糧食的基本供求面來解釋糧價的突然上漲，更無法相信糧價上漲是CPI上漲的元兇之一的說法。

為了弄清楚糧價上漲的真正原因，一些專家推出這樣的邏輯鏈條：貨幣發行增加，通貨膨脹，於是對所有商品的需求都在增長，其中包括對糧食的需求的增長，整體CPI暴漲，糧食也隨著CPI漲，這個邏輯鏈條比其他的解釋更加有說服力，糧食價格的上漲更可能的是通貨膨脹的結果，而不是原因。

國際糧價也出現大幅度上漲，是不是國際糧價帶動中國糧價上漲呢？但國際糧價上漲也和中國是一樣的，供需層面並沒有發生什麼大的幅動，國際糧價上漲的真正原因就是：美元貶值。儘管食品價格持續上漲，但因為以持續貶值的美元標價，因此實際漲幅有限。聯合國糧農組織也在一篇報告中認為，美元貶值是主要原因，這也解釋了為什麼價格持續上漲卻難以遏制需求。另一方面，美元貶值令美國出產的糧食價格相對便宜，因此抬高對美國產品的需求，繼而推高市場整體價格。

因此，國際糧價上漲實際上也是美元貶值惹的禍。人民幣對美元升值幅度較小，是一種與美元準掛鉤的貨幣制度，而這種制度的直接結果是：引入了通貨膨脹。

美元貶值造成石油、糧食漲價，引發全球性通貨膨脹和經濟衰退，引起了各國的關注和研究，許多經濟專家就美元貶值的原因進行探討。

多數專家認為，以下因素是引起美元貶值的動因：

一是美國次貸危機後，經濟增速減弱，出現衰退的徵兆。美國為挽救經濟衰退，用美元貶值的辦法，增加出口，減少進口，從而減少對外貿逆差（進口大於出口）和財政赤字，以此刺激經濟復甦。眾所周知，美國多年來一直為外貿逆差和財政赤字所困擾。這次美國政府為擺脫這兩個困擾，首選美元貶值的舉措。

二是美國是世界頭號經濟強國，美元也隨之成為世界金融霸主。美國通過美元貶值，趁機可多印發美鈔，他印的是紙幣，購買的是全世界的資源，造成美元在市場上的流動性過剩，引發各國物價上漲，出現全球性通貨膨脹。這實質上是美國向外轉嫁經濟危機的過程。

三是美國多年財政赤字很高，據統計，截至今年四月末，美國財政赤字已達一千六百五十九億美元，又創新高，是世界上最大的債務國。亞洲等新興經濟體，如中國及臺灣、香港地區、日本、南韓等國家和地區多屬出口導向型經濟，外匯儲備量大，外匯幣種又多以美元為主，有的直接購買美國的國債，如中國目前外匯儲備已高達一．七二兆美元，其中百分之三十左右購買了美國的國債。據美國財政部網站日前公布的資料顯示，到今年四月末，中國持有的美國國債餘額已達五千零二十億美元，首次站上五千億美元的關口。

美國通過力推美元貶值，可趁機向外轉移危機，變相掠奪別國的財富，如上述國家持有的美國國債，隨著美元貶值，也跟著大量縮水和無形蒸發，中國也為此蒙受損失。

四是美元貶值後，造成以美元為固定聯繫匯率的國家的貨幣升值，如中國人民幣隨著美元的貶值，加快了升值步伐，引發很多國際游資和「熱錢」湧入中國、俄羅斯、越南等一些國家，目前造成越南等國股市暴跌、物價上漲，出現金融危機的兆頭。

由此可見，美元貶值是美國的一個陰謀，也是促使糧食危機爆發的一個導火線。要避免掉入美國設計的陷阱中，一要大力加強金融監管，謹防「熱錢」大量湧入中國而興風作浪。二要加強宏觀經濟調控，控制物價，呵護股市，謹防經濟危機。三要抓緊減少中國外匯儲備的數量，改變外匯儲備的幣種結構，減少持有美國國債的數量，謹防美元貶值對中國外儲資源的掠奪，最大限度減少美元貶值後對中國經濟造成的衝擊和損失。

四、天災戰亂不斷導致糧食減產

二〇〇六年二月二十日，聯合國特別調查員在瑞士日內瓦發表聲明稱，乾旱和連年戰爭致使東非地區經濟發展停滯，糧食產量下降，人民生活極度貧苦，大約一千一百萬人面臨著饑餓的威脅。

長期以來，饑荒被認為是非洲大陸面臨的最嚴重問題之一。為了了解非洲饑荒問題的現狀，聯合國糧食事務特別調查員齊格勒在二〇〇五年及二〇〇六年初多次深入東非地區，進行詳細調查，發現糧食短缺現象在非洲尤為嚴重。

齊格勒說，乾旱與戰亂是東非地區饑荒持續的最主要原因。他表示：「嚴重乾旱加上過去和現在的戰亂，造成吉布提、埃塞俄比亞、肯亞、索馬里亞和坦桑尼亞等國的飲用水和糧食極為短缺。」

天災和戰亂致使糧食產量下降，糧食短缺問題加重。二〇〇八年四月十六日，國際援助合作署官員說，持續乾旱、糧食漲價和暴力衝突已將非洲大約一千四百萬人口推向饑荒的邊緣。

國際援助合作署中東非區域主管史蒂夫．沃蘭斯說，在肯亞、索馬利亞、埃塞俄比亞等非洲國家，數以百萬計人口正眼看著水源枯竭、家畜死亡、食物來源越來越有限。

沃蘭斯說：「如果下個月還不下雨，這些家庭將面臨嚴峻的食物和水源危機。」

聯合國人道主義事務協調辦公室預測，去年下半年持續至今的旱情將導致埃塞大部分地區、肯亞北部和索馬利亞中南部地區糧食減產。

國際援助合作署官員說，他們正為索馬利亞超過六十萬人提供糧食援助，六月前，接受這一援助的人數還將增加二十萬。此外，國際援助合作署還為肯亞乾旱受災者運送飲用水，為埃塞的受災者提供家畜。

聯合國人道主義事務協調辦公室官員說，埃塞政府及人道主義組織已呼籲向埃塞乾旱受災者提供六千七百七十萬美元援助。埃塞眼下有大約兩百二十萬人口需要緊急糧食援助。

聯合國人道主義事務協調辦公室說，儘管一些地區已經降雨，但埃塞等國的糧食安全問題仍令人擔憂，許多人靠借糧和宰殺牲畜度日。

又如，早在二〇〇五年，喀麥隆、馬利、厄利垂亞等非洲二十三個國家因氣候惡劣或戰亂等原因面臨糧食短缺，急需國際社會援助。

報導說，由於雨水不足和蟲災肆虐等自然因素的影響，人口約佔喀麥隆五分之一的極北省糧食歉收，其三百萬居民將面臨荒年威脅。馬利中部和北部地方久旱無雨，全國糧食產量比二〇〇四年減少五十萬噸，由此導致馬利百餘萬人糧食短缺。並且，乾旱還使這些地區水源減少，牲畜因飲水困難，有許多牛羊死亡。

連年不斷的自然災害給人類的生活帶來損害，也影響人類賴以生存的物質基礎——糧食的產量。而再加上戰亂，更使人們的生活雪上加霜。

以伊拉克為例，二〇〇八年對伊拉克來說，是一個多災多難的年份。連續五年遭受戰亂之苦的伊拉克人，現在又面臨一場不期而至的天災。

伊拉克貿易部長蘇達尼二〇〇八年一月份宣布，二〇〇八年伊拉克需要進口四百五十萬噸小麥，這一數字比二〇〇七年的進口總額整整多了兩百萬噸。據了解，糧食進口量的大幅增加，是由於今冬伊拉克遭受乾旱的威脅，農業有可能大幅減產。而伊拉克氣象學家則指出，全球氣候變暖是導致伊拉克今年天氣異常、糧食減產的重要原因。

在歷史上，伊拉克是一個遠近聞名的農業國，過去幾百年都是海灣地區的糧食生產中心。然而在過去二十年中，由於受到制裁、政策錯誤和戰爭的影響，伊拉克的農業發展幾乎停頓。伊拉克農業部長阿里近日又宣布，伊拉克部分地區現在正遭受著乾旱的威脅，伊拉克農業受到極大的影響。

位於伊拉克北部的尼尼微省是伊拉克的農業大省之一，也是受乾旱少雨天氣的最大受害地區。該地區中有四十五萬公頃種植大麥和小麥的農田，而這些農田一旦遭受旱災時就會損失嚴重。據悉，冬季是伊拉克小麥、大麥等主要農作物生長的黃金期。按照正常情況，伊拉克每年從十月開始進入雨季。而在二〇〇七年因冬雨遲遲未降臨，造成在秋季播撒到田裏的種子不是腐爛了，就是被鳥類啄食，致使產量下降。

據估算，伊拉克有百分之二十七的土地適於耕種，其中超過一半的耕地的產量都與天氣息息相關，而另外一半則依靠灌溉。乾旱少雨的天氣也影響到幼發拉底河和底格里斯河的水流量，進而對主要依靠這兩條河流作為農業生產灌溉水源的伊拉克中部和南部地區的正常耕作產生一定影響。

乾旱少雨的天氣不僅導致伊拉克境內農作物產量的下降，同時也對其畜牧業造成直接影響。例如，原本應該長出青草的地面因缺水而乾裂，牛、羊、駱駝等動物因此缺少飼料。此外，由原油價格上漲而引發的化肥、農藥等一系列產品價格的連鎖上漲，使得伊拉克農牧業的前景更加不樂觀。

伊拉克氣象部門負責人表示，全球氣候變暖是導致伊拉克今年天氣異常的重要原因。他認為，氣候變暖導致的天氣異常是全世界都面臨的問題。在這種情況下，全球降水量將重新分配，有些原本乾燥的地區大雨成災，另一些原本雨量充沛的地方卻乾旱少雨。不論哪種情況，都會對當地的農業耕種造成不可忽視的影響，甚至威脅人類的食物供應和居住環境。

連年的戰亂已經對伊拉克農業造成不小的損害。伊拉克農業部長阿里說，暴力衝突造成的人力缺乏、不穩定的安全局勢、電力供應不足、土壤鹽鹼化、農用機械缺乏等多種棘手問題，已經讓伊拉克的農民焦頭爛額，而乾旱少雨的天氣更是讓他們的生活處於水深火熱之中。

除了伊拉克外，產糧大國中國也因天災等原因，糧食產量有所下降。水資源的緊缺，正成為中國糧食安全的瓶頸。目前中國十八．三七億畝耕地中只有七．五億畝耕地確保灌溉，另外十多億畝的旱耕地，只能依靠自然降水來進行農業生產，導致中國常年農作物受旱面積三至四億畝，每年損失糧食近三百億公斤，佔各種自然災害損失總量的百分之六十。這在西北黃土高原和西南丘陵山地表現尤其突出，這些地區的糧食及農產品產量、品質不穩定，即使是優良品種或者具備高新技術，也長期因為缺水而難以發揮其應有作用。

水資源緊缺剛性和農業用水總量溢出剛性的矛盾，正在制約著中國的糧食生產。

中國水資源趨緊的局面成為剛性緊缺。據介紹，目前中國水資源總量二．八萬億立方米，人均水資源量兩千兩百立方米，約為世界平均水準的百分之三十一，是全球十三個人均水資源最貧乏的國家之一。專家預測，到二〇三〇年中國人口將達到十六億，人均水資源量將降到一千七百五十立方米，接近國際承認的一千七百立方米「用水緊張」。隨著工業化進程和城市化步伐加快，儘管政府做了大量工作，一些地方的工業「三廢」、居民生活污水正污染著我們本已不足的水體。地下水的超採，已導致一些河湖乾涸、地面沉降、生態環境惡化。

農業作為用水大戶，其對水量的需求不會因為水資源量減少而減少。目前，中國每年農業用水總量為三千八百億立方米～四千億立方米，農業用水佔全國用水總量的百分之六十八。到二〇三〇年十六億的人口規模，需要糧食的絕對增長量來保證糧食安全，因此，要有更多的水用於農業，以保障耕地的產出能力和科技作用的發揮。

因此，解決農業用水供給不足而需求強勁的矛盾，若要確保二十一世紀中國的糧食安全，就必須在農業用水方面多下功夫。當前，必須在農業節水的三個關鍵環節上有所突破：要加強對現有節水農業技術的集成推廣，如水肥一體化技術；加強節水農業技術研究，努力做好基礎性工作，如農用保水劑；要探索發展節水農業的長效機制，廣泛開展節水農業宣傳，不斷強化節水意識。從多方面著手，才能解決缺水的根本問題，糧食的產量也會有所改善。

五、國際市場糧價「油」性十足

自從第一次石油危機發生以後，國際市場石油價格走勢一直呈現出周期性波動特徵。從一九七四年到二〇〇四年的整整三十年時間內，國際市場油價既受到兩伊戰爭、波灣戰爭等事件的影響而呈現出牛市特徵，也因亞洲金融危機等因素影響而呈現出熊市特徵，但原油價格基本在每桶十～四十美元間波動。

與此同時，國際市場糧食價格波動也呈現出周期性。按照國際貨幣基金組織編制世界糧食價格指數，一九七四年至二〇〇五年間，國際市場糧食價格波動呈周期性特徵，平均八年往復一次，同一周期內最高點比最低點大約高出一半左右。

總的來看，前些年國際市場上無論是糧食價格還是石油價格都依各自的周期律上下波動。然而，進入二十一世紀，國際市場大宗商品定價沒有按照以往的周期律複製出回調行情，反而進一步加大了上升的節奏。二〇〇五年以後，國際市場上的石油價格和糧食價格陸續突破了各自固有的周期律而連創新高。

二〇〇八年六月二十六日，國際油價再創新高，紐約商品交易所和倫敦國際石油交易所八月份交貨的原油期貨價格當天一度雙破每桶一百四十美元大關，分別達到每桶一百四十．三九美元和一百四十．五六美元的歷史高點。自去年年底以來，國際市場油價漲幅已超過百分之四十。

特別要強調的是，在國際市場上，糧食價格與石油價格之間的聯動關係愈加密切，儘管從物理屬性上看糧食是可再生的，但糧食價格也染上一些不可再生屬性，越來越顯示出其油性的一面。

目前無論是石油還是糧食，價格上漲的趨勢依然繼續著。現在需要弄清楚的問題是：在國際市場油價連創新高後，為何糧食價格也隨之創出新高？也即是說，國際市場上糧食價格走勢的油性是怎樣產生的。

首先，隨著油價上升，許多國家都在加快發展生物燃料。二〇〇六年，美國的乙醇產量已經達到一百八十七·四億公升，比三十年前約提高了一百八十七萬倍，而到二〇一〇年，美國的乙醇產量可達三百四十八·二億公升。聯合國糧農組織的報告稱，目前全世界用於生產燃料的玉米約佔世界玉米消費總量的百分之十二。雖然國際市場對糧食的需求並未因此而擴大很多，但國際市場上對糧食需求增長的預期卻被大幅度提升了。

其次，從維護糧食供應安全的角度出發，許多國家更多採用非糧食作物來開發生物能源。隨著更多非糧食作物被用來開發生物能源，糧食種植受到日益嚴峻的爭地威脅，加劇了國際市場糧食供應的緊張程度。聯合國糧農組織在預測二〇〇八年美國用於乙醇生產的作物產量將會增加百分之五十時這樣補充說明：以犧牲其他糧食作物的產量，受影響最大的將是小麥。

再次，石油天然氣價格的上漲也促使柴油、化肥等農業生產物資漲價，間接加大農業生產的成本壓力。目前，全世界生產的尿素大約有百分之八十是以天然氣作為原材料，而天然氣價格的上漲在很大程度上加大了尿素生產成本。例如，二〇〇七年，國際市場尿素價格大約為十年前的六倍。

此外，前些年國際市場石油價格的波動與糧食價格的波動基本上呈現出油熱糧冷的局面。近期，隨著美元流動性過剩加劇，國際投機資本有可能兼顧炒作石油和糧食，國際市場石油與糧食之間在價格波動上不單純是蹺蹺板關係，相互的聯動性日益強化，最後，隨著國際市場石油價格出現暴漲，石油工業的贏利空間擴張明顯。如果國際市場糧食價格沒有適當跟隨上漲，針對農業投入的回報預期就會降低，有可能會導致農業生產要素更多流向石油產業，一定程度上抑制了糧食生產的擴張空間，最終導致糧食價格也會隨油價變化而水漲船高。

二〇〇八年以來，隨著油價最高達到每桶一百四十美元左右的高度，國際市場油價上漲的長期趨勢進一步得到確認。與此同時，國際市場糧食價格的漲價範圍也進一步擴大，去年尚且溫和的大米價格迅速補漲。隨著泰國、越南、埃及等國家限制稻米出口，國際市場大米價格也出現暴漲。

在這種趨勢下，不難看出，在今後一段時間內，國際市場油價走高的大趨勢不會發生根本性轉變。那麼，未來國際市場糧食價格走勢也會更加油性十足。

國際市場糧食價格的油性使低糧價時代成為歷史，也就是說「石油農業」促使了糧食價格高漲。

二〇〇八年五月二十七日，中國農業科學院農業資源與農業區劃研究所尹昌斌博士在接受中國財經報採訪時指出，當前國際的農業已經是「石油農業」，也就是說，化肥、農藥、農業機械化與自動化都離不開以石油為代表的化石能源。例如在中國，僅化肥農藥就佔糧食生產成本的四分之一左右。石油價格直接影響農業生產成本，自二〇〇四年以來，以美元計價的原油價每桶由四十美元上升到最近的一百三十美元，從而帶動農業生產成本的大幅度上升。另一方面，石油價格快速上升，又使以玉米、油料作物為代表的生物能源製造變得「有利可圖」，以生物燃料生產的糧食消耗增長迅速。

受上述兩重因素共同作用的結果，首先以玉米、大豆為代表的穀物與油料作物價格迅速上漲，受「替代」效應與「比價」效應的作用，逐步過渡為小麥與稻米價格的輪番上漲。

從這個意義講，只要油價不回落和弱勢美元的趨勢不發生大的改變，廉價農產品時代可能將一去不復返了。換句話說，「石油農業」正促使糧食告別廉價時代。

尹昌斌說，長期以來，以美國、歐洲為代表的發達國家依靠其早期工業化所形成的巨大積累、農業經濟佔 GDP 的份額低、強大的財政實力，自二十世紀六〇年代以來，為保護其糧農利益，對農業生產補貼，造成全球糧食產品貿易價格的「低廉」，加之部分發展中國家受人口快速增長影響，國家糧食安全不得不依賴於美國等發達國家。但長期看，此種局面必然影響到本國糧食生產能力的提升，這是很多發展中國家糧食問題的癥結。

糧食和石油價格的上漲，嚴重削弱了發展中國家的經濟。二〇〇八年七月初，國際貨幣基金組織（IMF）表示，糧食和石油價格上漲「嚴重削弱」多達七十五個發展中國家的經濟，包括巴基斯坦和印尼。這是 IMF 首次對這場危機作出廣泛的估計。

IMF 總裁多明尼克．斯特勞斯．卡恩警告稱，由於糧食和石油價格持續上漲的雙重衝擊，一些國家正處於「危險關頭」。

他表示，如果農業大宗商品價格繼續上漲，那麼即使石油價格保持穩定，一些政府也將無法繼續讓國民吃飽，同時保持經濟穩定。

上述警告是一個信號，表明政策制定者正日益擔憂糧食和燃油危機的影響。

在評估大宗商品危機的影響時，IMF警告稱，如果「價格長久處於或高於當前水準，將對許多國家的國際收支構成重大壓力。

IMF對國際收支的關切是一個轉變。以往的焦點都是放在通膨和財政收支上，後兩者被認為比較好應對。

直至最近，糧食和燃油價格的持續上漲並未導致出口收入相對於進口支出出現巨大缺口。但IMF昨日表示：「最近的價格上漲正對國際收支產生更大的影響。」

自一九九七年以來，從未出現過多個國家陷入國際收支危機的情形。斯特勞斯·卡恩表示，為繼續滿足國內糧食需要，一些國家面臨必須耗盡外匯儲備的壓力。

IMF估計，從二〇〇七年一月至二〇〇八年四月期間，糧食和石油價格上漲對貧窮進口國國際收支的負面影響可能超過三百七十一億美元，佔這些國家GDP的百分之二·七。

IMF表示，亞洲、前蘇聯國家、撒哈拉以南非洲以及中美洲國家所受衝擊最大。

六、美國製造「糧食危機」的背後

二○○八年七月，中國國家主席胡錦濤在日本應邀出席八國集團同發展中國家對話會時指出，把當前全球糧價上漲歸咎於發展中大國，這是極其不負責任的。

全球糧食危機爆發後，就誰應對全球糧價負責這個問題，國際社會有兩種針鋒相對的觀點。一是西方國家將危機歸罪於新興市場經濟體，如：中國、印度等發展中國家，稱這些國家人民對糧食和肉需求的增長導致糧食市場的供求失衡；另外一個是聯合國機構、科學家與發展中國家的觀點，他們認為美歐應對全球糧食危機負責，生物燃料是罪魁禍首。

國際農業問題專家、國務院發展研究中心市場經濟研究所副所長程國強博士發表自己的觀點。他引用英國《衛報》二○○八年發表的一份報導：世界銀行一份未經公開的報告認為，從二○○二到今年二月，一攬子糧食價格漲幅達百分之一百四十。其中，美國與歐盟大力開發生物燃料對糧價上漲的「貢獻」最大，相當於推動糧價同期上漲百分之七十五。他說，這份報導清楚地說明，美國與歐盟應對全球高漲的糧價負主要責任。

世行的報告表明，由於國際市場油價持續飆升，原油進口費用大幅增加，農業資源豐富的美國和歐盟大力發展生物燃料。據統計，美國有近三分之一的玉米用於生產生物燃料，歐盟則有大約一半植物油用於生產生物燃料。大力發展生物燃料的直接後果是擠佔糧食資源，並加劇全球許多地區的饑餓和貧困。

程國強認為，發展生物燃料對全球食品價格飆升具有決定性影響。農產品應該首先用來應對饑餓，而不是生產生物燃料。美國等國把數千萬噸玉米、大豆轉化成乙醇燃料，對世界貧困人口來說絕對是場災難。

基於此，程國強肯定地說，那些試圖把糧食危機的矛盾轉嫁給印度、中國的政客或者專家，是居心叵測的。他們混淆了全球糧價上漲的表象和本質、短期矛盾和長期挑戰，企圖轉移視線，迴避國際社會對他們發展生物燃料、機器與人類爭糧的批評。

程國強認為，美國堅持實施生物燃料計畫是為了掌控世界糧食市場。他說，美國從始至終都推行著季辛吉提出的全球戰略：「如果你控制了石油，你就控制了所有國家；如果你控制了糧食，你就控制了所有的人；如果你控制了貨幣，你就控制了整個世界」。美國從控制石油到控制糧食，整個過程都是有計畫地進行著。

據美國一個叫斯特拉特福戰略預測機構稱，美歐作為世界最大的糧食囤積者，正在發起世界「糧食大戰」。該智庫認為，糧食已成為地緣政治中的王牌。因為糧食是最大的政治武器，糧食消費沒有替代品，每個人每天都離不開糧食。一旦糧食供給出現短缺，老百姓就要忍饑挨餓，繼而可能出現暴動，缺糧國政府就要處於腹背受敵的境地。該智庫推測，在當前全球金融體系坍塌的大環境中，美國和歐盟這兩個世界最主要的糧食儲備和出口者，可能正在利用糧食武器來對付它們的地緣經濟競爭對手，讓它們失去國內穩定，尤其是使石油輸出國組織中那些不聽命於自己的國家屈從，因為糧食恰恰是這些石油大國的軟肋。這就表明，美國可以利用糧食武器獲取其在石油戰爭中實現不了的戰略利益。

對於美國智庫的推測，程國強說，這或許是對目前全球糧食危機根源的一種解釋。但美國發展生物能源的過程似乎又為該智庫的判斷提供證據。他指出，美國從二〇〇二開始發展生物能源，當時用於加工乙醇的玉米有兩千萬噸，只佔美國玉米消費總量的百分之十五。二〇〇三年美國入侵伊拉克，打響了石油戰爭。二〇〇四年世界石油價格開始全面上漲，由過去的每桶二十美元，上漲到三十八～五十美元。因此，二〇〇五年美國簽署《能源政策法案》，要求至二〇一二年可再生燃料年產量達到七十五億加侖，由此拉開了玉米行情上漲的序幕。二〇〇六年初，美國總統布希在國情諮文中提出，美國將研發石油的替代燃料，到二〇二五年替代百分之七十五的中東石油進口。二〇〇七年初，布希在國情諮文中提出，到二〇一七年，美國汽油消耗量必須減少百分之二十，可再生能源年產量要達到三百五十億加侖。二〇〇七年十二月十九日，布希簽署《能源獨立和安全法》，要求美國到二〇二二年至少生產三百六十億加侖的生物質燃料，燃料乙醇超過三百一十億加侖。二〇〇七年美國玉米用於乙醇加工已達八千一百萬噸，佔國內消費的百分之二十五。由此進一步擴大對玉米的工業需求，推高玉米價格，並連鎖性地推動農產品價格全面上漲。

由此可見，這場糧食危機的主要推手是美國，他們通過提高糧價來獲取在石油戰爭中實現不了戰略利益。

程國強說：「西方國家對中國等發展中國家別有用心的指責，是根本站不住腳的。中國自二〇〇四年起，糧食生產連續豐收，二〇〇七年糧食總產量達到十．〇三億頓，比二〇〇六年增產七百萬噸。最近幾年中國不僅沒有大規模從國外進口糧食，反而還出口不少糧食。如二〇〇六年向國外淨出口糧食七百多萬噸，二〇〇七年淨出口八百多萬噸。從這個意義看，中國用有限的農業資源，基本解決了十三億人口的吃飯問題，本身就是對世界的最大貢獻。」

對於美國的糧食戰略，程國強擔憂地指出，如果全球石油價格與糧食價格掛鉤，世界糧食能源化趨勢加強，則可能導致農產品低價時代一去不復返，而進入一個高價時代，糧食的能源化有可能像「馬爾薩斯的幽靈」一樣，「生物能源的幽靈」將成為威脅全球糧食安全的最根本的原因；從長期趨勢看，全球糧食價格有可能呈周期性波動、整體性攀升的趨勢。

在由美國和歐盟國家操控的糧食戰爭中，中國政府必須從現在開始做好更加充分的準備。首先，要樹立全民對糧食問題的憂患意識和危機意識，並要繼續堅持立足國內解決糧食安全的基本方針不動搖；此外，要加大農業科技和基礎設施建設投入力度，從根本上提高中國糧食的綜合生產能力，並要進一步完善和加強糧食宏觀調控，統籌協調糧食生產者與消費者、國內生產與國際市場、短期政策與長期戰略的關係。只有做好準備工作，才不會被這場糧食戰爭所影響。

七、高糧價導致供需關係轉變

糧食危機爆發後，糧價飆升成為全球媒體關注的焦點。一些西方政客和學者熱衷於將世界糧食危機歸咎於中國，稱這場危機的主要原因是中國人消費的牛肉越來越多，而生產牛肉需要消耗更多的糧食。更有甚者，將「成百萬中國人、印度人和非洲人生活水準提高」作為糧食價格上漲的重要原因。

二〇〇八年五月九日，世界貿易組織秘書處官員王曉東說，中國並不是世界大米、小麥、粗糧和肉類產品的主要貿易國。自二〇〇三年以來，中國在滿足自身消費增長需要之餘，還向國際市場上出口大米、小麥和肉類產品。雖然中國是粗糧的純進口國，但中國的進口量遠小於歐盟、日本、韓國、墨西哥等國家，近兩年來進口量也沒有出現激增。而澳大利亞等傳統出口大國的出口量因為乾旱而銳減，歐盟的進口在二〇〇七年出現了激增。

一些經濟專家在探索糧食危機爆發的原因時發現，近年來全球糧食產量一直在溫和增長，並未出現嚴重的歉收，二〇〇七年更是達到創紀錄的二十一．三億噸，既然產量未減，糧價暴漲是什麼因素造成的呢?專家們經過分析後得出結論，認為主要有三大原因：一是飼料。隨著人類變得更加富裕，食物結構中肉蛋奶等副食品的比重大幅上升。生產一公斤牛肉大約需要八公斤穀物飼料，一公斤雞肉大約需要二公斤糧食。二〇〇七年，全世界用作飼料用途的糧食就達七．六億噸。二是，能源價格暴漲難辭其咎。一方面農民要為化肥和柴油支付更高的成本，必然會推動農產品價格的上漲；另一方面，油價暴漲使大批糧食被轉化為燃料，比如玉米乙醇。二〇〇七年，全球用於生產燃料的糧食超過一億噸。世界銀行的一份報告指出，給一輛 SUV 的油箱加滿生物燃料所需要的糧食大約相當於一個人一年的口糧。三是，農產品的貿易壁壘加劇世界的糧食危機。採取限制出口或者高額出口關稅的措施可以在短期內緩解國內市場的漲價壓力，同時也加劇了國際市場的供需矛盾，給全球糧價帶來更大波動。

自上世紀八〇年代以來，國際糧價大體上出現三次下跌和三次上升，最近一次的顯著上升始於二〇〇二。但從全球糧食供給和消費看，上世紀八〇年代以來全球糧食供給始終大於糧食消費，糧食並不存在絕對的短缺。顯然，糧食價格的劇烈波動不取決於絕對供需缺口。如果糧食價格不取決於絕對的供需缺口，那麼人們很容易想到的是糧食庫存的波動對糧價的影響。專家們將糧食的庫存和國際糧食的平均價格作比較發現，糧食價格的波動與糧食庫存波動具有顯著的負相關。這進一步證實糧食的價格主要取決於相對供需，而不是絕對供需。

庫存波動取決於糧食的產量和消費的波動。當糧食消費大於產量時，庫存減少；當糧食產量大於消費時，庫存增加。從上世紀七〇年代末以來的資料看，糧食產量圍繞糧食消費波動，也就是說，糧食的產量具有更大的波動性。而糧食消費的波動性相對平穩，這意味著糧食產量是影響糧食庫存和糧食價格的主要波動性因素。

影響糧食產量的基本因素有兩個：單產和糧食播種面積。從資料看，二〇〇二／二〇〇三年之前，糧食產量對糧食庫存的解釋力比較強，糧食庫存的確隨著糧食產量的增減而增減。但從二〇〇二／二〇〇三年度以來，這一現象發生了顯著變化。隨著收穫面積和單產的提高，糧食產量在近三、四年來總體上呈現出不斷升高的趨勢，但是糧食庫存卻反方向下跌至三十年以來的歷史低點。

糧食庫存和糧食產量反向波動的事實說明，與歷史上的情況不同。近年來，糧食需求一定因為某些異常因素而出現顯著增加，從而在糧食產量增長並沒有出現與歷史相比異常的情況下，庫存出現大幅縮減。

由於糧食消費等於人口數量乘以人均消費。所以，人們可以將影響糧食消費的因素分解為人口增長和人均糧食消費。

從人口資料看，全球人口的確在快速增長，但是增長速度基本上呈現線性特徵。近三十年來，人口增速基本按照每五年增加四億的速度變化。因此，人們認為，人口增長儘管是影響糧食消費增長的關鍵趨勢性因素，但是線性增長的特徵說明人口增長不能解釋近五年來糧食需求的異常波動。

觀察另外一個影響糧食消費的因素即人均糧食消費量可以找到答案。全球人均糧食消費量在二〇〇三年之前基本穩定在三百四十公斤／人年的水準上下，然而在二〇〇三年以來出現明顯提升，至二〇〇七年人均消費量達三百五十五公斤／人年。作為對比，全球人均糧食產量增長在相對緩慢，由一九九〇年的三百二十五公斤緩慢上升為二〇〇六年的三百四十二公斤，平均每年僅增加百分之〇．三一。人們認為，人均糧食消費量的提升是近年來糧食消費出現異常波動的關鍵因素。

進一步分類比較發現，人均小麥消費在上世紀九〇年代以來處於下降過程，人均大米消費在二〇〇一年以來也出現下降。相反，人均大豆消費在上世紀九〇年代後期以來持續上升，人均玉米消費量在二〇〇三年後扭轉以往的下跌趨勢出現顯著回升。可見，近幾年來人均糧食消費量的快速提升主要是由大豆和玉米引起的。近五年來，全球人均糧食消費增加的大約十五公斤／人，玉米的貢獻大約十二公斤／人，佔比百分之八十，這主要是由生物能源需求增多導致。

從分析結果中可以看出，國際糧食價格取決於糧食庫存的波動。在二〇〇二之前，由於糧食消費波動相對平穩，糧食的產量很大程度上解釋了糧食庫存波動，但這種現象在近幾年出現明顯改變，主要原因在於糧食的消費出現異常的需求擴張：第一，能源價格高漲帶動生物能源需求，玉米和大豆等需求快速增長。這一因素大約解釋了近幾年來人均糧食消費量增長的百分之八十；第二，居民食物結構改變（發展中國家為主），對肉食品消費增多，從而間接帶動飼料如玉米和大豆等的消費。這一因素大約解釋了近幾年來人均糧食消費量增長的百分之二十。因此，與歷史上由耕地面積減少導致產量和庫存降低不同的是，儘管二〇〇二以來，糧食的收穫面積和單產都在增加，但是由於糧食需求路徑的改變帶來大量增量需求，糧食庫存沒有隨產量增長而上升。

經濟專家們認為，若試圖平抑糧價，要麼全球經濟體在通膨背景下進一步採取緊縮性措施直至全球經濟出現明顯減速甚至衰退，從而使國際油價大幅下跌，使全球因生物能源需求而額外增加的糧食需求也大幅減弱；要麼通過糧食產量（短期內主要是耕地面積）的異常擴張來應對糧食需求的異常擴張。短期內，在世界糧食產量，尤其是糧食耕地面積無法快速大幅擴張的背景下，糧食價格仍可能繼續上漲或高位運行，直至全球性宏觀政策進一步緊縮和世界經濟進一步明顯減速甚至衰退。

《第四章》

中國應對——糧價不漲也不能高枕無憂

一、糧食安全不容樂觀

糧食是關係國計民生的頭等大事，確保糧食安全是一個不容忽視的問題，它直接影響到社會和諧與穩定，全球糧食危機的爆發已經向世界各國敲響警鐘。

二〇〇八年六月六日，香港《大公報》發表評論文章說，近期國際糧價瘋漲的同時，中國國內的糧價卻波瀾不驚，鮮有抬頭之勢。處在開放的經濟環境，中國糧價為何能夠獨善其身？究其原因，最近幾年中國糧食庫存的充裕應是關鍵。不過，這一答案也許還無法驅散人們的焦慮，因為中國的糧食安全不容樂觀。

中國的糧食安全問題，無論從國內形式或是從國際形式上看，前景都不樂觀。從國內形式上看，雖然由於連續幾年的糧食豐收以及取消農業稅政策的積極作用，二〇〇七年以來的世界糧食市場價格瘋漲尚未對中國構成直接的嚴重影響，但是這並不意味著中國沒有糧食安全問題。事實上，中國糧食生產與供應的形勢並不樂觀。一方面，農田面積減少、耕地種植環境惡化、種糧成本快速提高等因素，直接影響著糧食的生產、糧食的產量、糧食的品質；另一方面，人口的繼續增長、糧食需求的不斷增加、世界糧食供應的日趨緊張，將直接影響中國的糧食供應。需求的增長、要求的提高與生產增長有限的矛盾日益凸顯，這樣的形勢讓人擔憂。

並且，中國在糧食領域未能實現徹底的自給自足。相比小麥、稻米至少百分之九十五的自給率，百分之三十的大豆自給率足以成為中國糧食安全的一大隱患。尤其在糧食出口國紛紛限制出口的今天，大豆自給率的偏低很可能進一步危及中國的糧食安全。事實上，近期中國國內食用油價格的躍升便是國際大豆價格猛漲所導致的。專家預計未來一段時期，世界各主要大豆出口國的貿易保護將對中國國內食用油的產量形成巨大威脅。考慮到食用油需求的穩中有升，其進一步漲價的動力不可低估。

豆價上漲不僅會波及國內的食用油產業，也容易喚起中國農戶種植更多大豆的積極性。隨著越來越多的土地被大豆覆蓋，小麥、稻米等糧作物的產量必將受到一定的制約，國內糧食供需的平衡也將相應趨緊。

隨著高油價時代的來臨，中國糧食安全也將面臨生物燃料產能擴張的嚴重困擾。僅僅兩年前，國際油價尚未突破每桶四十美元，如今卻超過了一百二十五美元。

放眼全球，面對瘋狂的油價，投產更多經濟實惠的生物燃料以替代傳統能源的行動日盛。一個明顯的例證是，作為生物燃料的一個重要類別，生物乙醇所需的糧作物即玉米被廣泛而又無度地種植。這就使得全球半數以上人口作為主食的大米不僅在產量上受到壓縮，就連種植面積也開始遭遇蠶食。因此，油價瘋了，米價自然要跟「瘋」不止——去年九月，國際米價不過三百三十美元／噸，今年以來，這一價格卻躍升為一千美元／噸且動力依然十分強勁。

不僅如此，高油價引發的「輸入型」通膨壓力還會在第一時間內傳導至國內的化肥、塑膠薄膜等上游生產企業。儘管中國國內成品油價格倒掛的現象仍在延續，但是，對於生產化肥、塑膠薄膜的企業而言，政府的補貼已然鞭長莫及。

除此之外，在中國還存在著一個不容置疑的事實，即一些沿海發達地區，由於工業對耕地的無節制、無規劃甚至無序佔用，很多地區別說種糧，即使是老百姓居住的用地都快保不住了。雖然這些地區通過引進大批項目、大量資金，經濟的發展水準越來越快，經濟條件越來越好看，老百姓手中的錢也越來越多。但問題在於，原本生長糧食的耕地，都成了廠房，人類生存的基礎被破壞。事實上，所以會出現糧食生產與工業發展相矛盾的局面，就在於各級在發展經濟中沒有糧食安全這根弦，總以為糧食生產是別人的事，總以為自己所在的地方不應當發展糧食生產這種「低檔」經濟，總覺得重視糧食生產會影響到項目的引進、資金的投入、工業的發展。更重要的，糧食生產是一個極難產生政績的產業，沒有「即刻政績」的工作能有多少官員願意去做呢？其實，對於絕大多數地區來說，保證糧食安全與發展經濟並不矛盾。一方面，糧食生產本身就是經濟工作，是必須時刻高度重視的經濟工作；另一方面，重視糧食生產，並不會影響經濟發展，並不會影響發展工業，如果能夠把重視農業與發展工業結合起來，還能有效提高耕地的使用率，防止耕地的浪費。關鍵是如何做到十根手指彈鋼琴，做到既重視經濟發展，又關注糧食安全。

從國際形式上看近年來，美國的糧食武器也正在威脅著發展中國家的糧食安全。世界的各個文明都起源於農業。糧食是維持生存的基本品。由此，各個文明都有一個立足於自給自足的糧食生產體系和本地化食物消費體系。但伴隨資本在農業領域的擴張和全球化的興起，諸多發展中國家的糧食生產和食物消費體系，被糧食武器摧毀了。

糧食武器的作用手段，主要有兩個：一個是糧食援助，一個是農產品貿易自由化。

糧食援助，使得許多亞非拉國家不需要，也不能夠生產糧食。原有的農地，多數轉作發達國家需要的咖啡、香蕉、香料等作物的生產。大量的農民，也在這樣的種植結構調整和土地兼併過程中，被趕出土地，流蕩在城市的邊緣。

農產品貿易自由化，使得美國等主要糧食生產國，可以將其經過高額補貼的商品糧，低價在全球傾銷，使得其他國家的糧食生產，基本無利可圖。由此，又帶來市場交易條件下的大規模種植結構調整和土地兼併。發展中國家的大量農民，在市場機制的吸引下，被拽出土地，成為工業化的邊緣人群。

失去獨立的糧食生產體系的發展中國家，不僅在糧食上對美國產生了依賴，其食物體系，同樣因美國建立在廉價糧食基礎上的工業化食品體系的強大競爭力，也被美國等國家替代。在喪失國家糧食安全和食品安全之後，這些國家更進一步喪失國家主權，對美國產生了政治與軍事依賴。

在美國的糧食武器和糧食政治的影響下，中國也正處於這樣的過程之中。當農業產業化、糧食市場化、農產品貿易自由化在中國大行其道的時候，我們才看到農民種什麼，什麼不賺錢；養什麼，什麼不賺錢的故事上演。當農民逐漸走向不為市場種糧食，甚至不為自己種糧食的時候，中國獨立的糧食生產體系，就開始走向瓦解。同樣，中國的本地化食物體系，也正在被替換成產業化、全球化食物體系。由此，中國的糧食安全及食品安全，才成為十多年來世人關注的問題。

短期看，中國不存在糧食安全問題，因為絕大部分中國人的糧食消費還是由本國滿足的。但就驅動因素看，對中國糧食生產者合圍包抄的市場環境已經形成，中國也已經在農產品自由貿易的框架下，綁上了與美國比拼財力，以維持獨立糧食生產體系的戰車。中國的糧食安全，在中長期就變得不樂觀了。

實際上，發展中國家之所以在本輪糧食價格上漲中，出現糧食危機甚至社會危機與政治動盪，與他們失去獨立的糧食生產體系直接相關。因此，中國保障糧食安全的對策，是盡力維繫一個自給自足的糧食生產體系，以及促進食品安全的本地化食物體系。

受本輪糧價上漲打擊的發展中國家，已經開始採取行動，力圖恢復其糧食生產體系。我們理應採取措施，不必再走「先破壞，後建設」的老路子，十三億的中國人，也付不起這樣的代價。

因此，從中國自身的角度出發，要解決國內面臨的糧食安全問題，除密切監控 CPI 走勢，科學調節最低收購價格以外，還需注意以下幾點：

一是，披露糧食庫存的具體資料。將各類糧作物的庫存透明化、公開化，不僅可以遏制基於漲價預期的非理性需求，也將有助於紓緩當前 CPI 高企的壓力。

二是限制出口且壓縮生物燃料。考慮到中國自身的利益訴求，進一步限制糧食出口短期內還是相當明智的。

三是建立國家糧食安全體系，制定一些有力措施保證糧食安全。保證糧食安全不可紙上談兵，而要用實打實的硬措施。中國幅員遼闊，人口眾多，糧食安全不能依賴於某一個地區或某幾個地區重視，而必須所有地區都高度重視。也許，受客觀條件限制，有的地區不太適合糧食生產，糧食生產難有太大作為，但這並不意味著可以放棄糧食生產。產量高低、數量多少是一回事，重不重視是另一回事。如果思想上壓根就不重視，那還何談糧食安全呢?所以，不管什麼地區、什麼區域，也不管種糧的條件如何，都應當高度重視糧食生產與安全工作，要給予種糧者應有的尊重和重視，給予他們相應的政策與扶持。

四是，各級政府必須重拾「米袋子」。「三年自然災害」帶給我們的教訓十分深刻。也許，正是這樣的深刻教訓，在相當一段時間內，各級政府都十分重視「米袋子」。雖然那時的糧食生產不能完全滿足市場需求，供應相對比較緊張，但由於各級政府高度重視，不僅化解糧食供應緊張的矛盾，而且因各項措施得力，糧食生產也有快速的發展，從根本上解決了糧食的生產與供應問題。遺憾的是，居安沒有思危，很多地方開始放鬆了糧食這根弦，「米袋子」被拋之一邊。特別是近十年來，全民招商、全員招商這種怪異現象猛增，管農業的行政首長，不去抓農業，也去抓工業招商了。所以，當去年出現食用油供應緊張、價格上漲的問題時，許多地方束手無策、毫無辦法，十分被動。這再次說明農副產品生產的重要性。保證糧食安全，首先必須讓地方政府重拾「米袋子」，將之列入地方政府考核的目標責任制，與政績、業績、提拔、任用結合起來，讓地方黨政領導時刻繃緊糧食安全這根弦。

二、牢牢把握發展的主動權

近來，急速攀升的糧價引起世界各地人們的心理恐慌，甚至引發暴亂。與以往糧食危機不同的是，此次世界糧價飆升，直接與世界能源問題有關。

近年來，出於對化石燃料供應不足及其高污染性的憂慮，佔據世界糧食生產比重將近百分之五十的歐美國家將大量糧田用於生物燃料生產。因此，從這個意義上講，石化燃料石油推動了糧價的上漲。在二〇〇七年年初，世界油價為三十美元／桶，而如今油價已經翻了好幾倍，高達一百三十美元／桶。

糧價和油價之所以會大幅度上漲，原因之一是人類現代生活方式的改變。隨著人們生活水準的提高，人們對汽車和鋼鐵的依賴性也在增長，當世界各地都在想著以汽車代替步行時，全球環境受污染的程度不僅提高，而且人類的能源需求量也在直線上升。

能源需求量的增長使不少產糧大國開始在糧食作物上大作文章，他們經過研究，發現由玉米等糧食作物轉化出來的生物燃料不僅可以當作一種能源，而且還具有低污染的特性。於是，他們便開始大量將糧食轉化為生物燃料，並且這種轉化技術還迅速向世界各地擴散。發達國家向外輸出以大量消耗能源和自然資源為特徵的現代生活生產方式，促使發展中國家紛紛加入以發達國家為中心的現代經濟循環。發展中國家的農業發展，因此成了世界農業生產的一部分，受到世界農業生產格局的明顯影響。

雖然發達國家和發展中國家都採用同樣的技術，但不同處在於，已經完成工業化的發達國家，對農民採取的是農業補貼和關稅保護政策，而發展中國家卻往往通過犧牲農民利益補貼城市居民，這樣一來，發展中國家的農民面對較低的糧食價格，缺少動力去提高產量，國家的農業生產就受到影響。而世界油價上漲則又提高了糧食生產成本，進一步打擊發展中國家農民的種糧積極性。

糧食危機爆發後，許多重工輕農的發展中國家才開始改變策略，提倡農民種糧耕田，提高糧食產量。然而，從發達國家的現代化經歷看，若不能有效解決糧食問題，發展中國家的工業化和進一步的經濟發展都將成為空談。而在今天全球一體的經濟格局下，由發達國家所引領的現代生活生產方式，又會使發展中國家的農業生產，極易受到發達國家農業和能源政策的影響。發達國家的農業保護和糧食變油政策，實際上已成為發達國家的另一種更加強大的「戰略武器」，會有效抑制發展中國家的發展。

透過此次糧食危機，發展中國家應該警醒，在糧食供應上不要過分依賴國際市場，而要加強對本國農業的保護，促進本國糧食生產。糧食與石油一樣，都是國家生存的必需品，當這兩者都操之於人時，國家將很容易喪失發展主動權。無論在何時，把握住發展主動權才是關鍵。

同樣，作為中國來說，在世界糧價暴漲的情況下，確保國內糧食安全，實現糧食基本自給，牢牢把握解決糧食問題的主動權是中國必須面對的現實問題。

在糧食安全方面，去年以來食品價格上漲，就跟國內糧食價格上漲有很密切的關係，主要是玉米、飼料價格上漲，引發相關養殖業產品價格的上漲。去年農產品價格的上漲很大程度是恢復性的價格上漲，二〇〇七年與一九九七年相比並沒有漲多少，今年的價格在去年的水準上有所上漲，但總的來說漲得不是特別多，但是它對低收入群眾和學生的影響比較大，這直接涉及到社會穩定。

並且，近年來中國生產和消費的格局發生了很大變化，這些年來中國人口的總量在增加，特別是城鎮人口增加較快。人口總量在增加，與之相應的糧食總產量的要求也應增加，去年糧食總產量是十．〇三億噸，與歷史最高水準相比還差兩千零六十噸。由於城鎮化水準提高，現在種糧的人減少了，而吃糧的人增多了，而且吃糧的要求也在提高，城鎮人口實際上消費糧食的水準比農村人口高，吃肉、魚、蛋、奶比較多，而這都需要糧食來轉化。

另一方面，受自然災害頻繁和氣候變化影響加深、資源短缺加劇、農業比較效益下降等因素制約，中國擴大糧食供給的難度加大。與此同時，隨著國內外糧食市場融合不斷加快，影響國內糧食市場和價格穩定的因素更加複雜多變。

因此，面對這些複雜的情況和嚴峻挑戰，中國在糧食安全方面不容忽視，只能立足於自己，依靠自己的力量，把確保糧食安全的主動權掌握在自己的手裏。這樣我們才能保持國內的社會穩定和長治久安，才能集中力量推進經濟建設，繼續推進工業化、城鎮化的進程。

最近，令中國人比較欣慰的是，各地夏糧獲得豐收的喜訊頻頻傳來。夏糧實現連續五年增產，這是今年以來經濟社會發展的一大亮點，也增強了我們奪取全年農業和糧食豐收的信心。

糧食生產形勢喜人，夏糧豐收意義重大。在國際糧食價格持續上漲和世界經濟環境複雜嚴峻的背景下，中國解決糧食問題的成就舉世矚目，諸多經驗中極為重要的一條在於，我們始終堅持立足國內實現糧食基本自給的方針，從而牢牢把握解決糧食問題的主動權。

中國糧食生產連年增產和整個農業農村形勢持續向好，為實現國民經濟又好又快發展、保持社會和諧穩定奠定堅實的基礎，提供重要的支持，作出重大的貢獻，這是需要充分肯定的。與此同時，我們也要看到，目前糧食生產還面臨著自然災害偏重發生、農資價格居高不下等不利因素的影響，解決糧食問題依然任重而道遠。因此，我們必須切實增強憂患意識，積極順應變化趨勢，加快完善政策舉措，努力鞏固和發展農業農村的好形勢。各地區、各有關部門要始終堅持立足國內，實現糧食基本自給的方針，加強對農業生產的組織，牢牢把握解決糧食問題的主動權，絕不能因夏糧豐收而稍有懈怠，必須進一步加大工作力度，狠抓「三夏」生產，為全年糧食再獲豐收奠定基礎。

需要注意的是，中國在發展現代農業方面，經營規模過小、過散是農業發展的弱點，在這個過程中如何推進現代農業，確實應該做一番研究。但是有一個要求就是家庭承包經營的基礎不能動搖，在這個基礎上通過自願互利有償的原則進行流轉，積極穩妥地推進多種形式的規模經營。規模經營至少有四種形式：一種是農戶規模經營，發展專業大戶；第二種是農業合作社的隊伍經營，把農民聯合起來，生產規模比較大；第三種就是農耕企業帶動建基地規模經營；第四種，我們在比較大的區域內，通過社會化服務來推動區域規模經營。在這裏區域規模經營是層次更高的，和區域化的布局、專業化的生產、社會化的服務緊密聯繫在一起。總之，充分調動農民的積極性，增加糧食產量，牢牢抓住發展的主動權才是關鍵。

三、守住我們的糧袋子，對跨國糧商說「不」

當糧食危機向全球襲來，糧食市場出現大的波動時，中國政府採取自給自足的政策，及時阻斷國際市場向國內的傳導通道，保持國內糧食價格的穩定。糧食價格雖然在目前保持穩定，但許多人對中國糧食市場以後的處境擔憂。這種擔憂源於跨國糧商瞄準了中國的「糧袋子」。

有些專家擔心地說：「在跨國企業已掌控中國植物油定價權的情況下，如果進一步取得糧食流通的控制權，會使中國失去糧價定價權，給中國糧食宏觀調控和糧食安全造成被動。」

他們的擔心並非杞人憂天，國內的大豆產業在較短的時間內就被跨國糧商控制就是一個很好的例證。

近年來，跨國糧商大規模湧入國內大豆產業，控制了百分之七十以上的壓榨能力。與此同時，這些跨國糧商還逐步壟斷國內大豆的進口，使國外大豆源源不斷進入國內，進而將本土大豆逐漸排擠出產業的採購單。

「在本輪全球糧食漲價熱潮中，掌握大豆控制權的跨國企業獲得巨額利潤。」中國糧食經濟學會副會長宋廷名說，「跨國糧商的操控也是國內植物油價格暴漲後，國家很難調控的重要原因。」

在跨國糧商對國內大豆產業的控制下，中國的大豆生產量快速下降，與之相反，進口量大幅度上升。據統計，從一九九七年到二〇〇七年，國內大豆進口量從兩百六十九．五萬噸增加到兩千八百多萬噸，這樣的比例讓國人觸目驚心。

更令人擔憂的是，控制國內大豆產業並不是跨國糧商的終極目的，在掌控大豆產業後，他們又將目光盯在國內的糧食加工流通領域。

據媒體報導，在今年，一家隸屬世界四大糧商之一的企業，已經在山東、河南、河北、黑龍江、湖南等糧食主產區建立或併購糧食加工企業，並在江蘇等省準備建立糧食收儲企業。這意味著跨國糧商已在實施他們的中國糧食戰略布局。

中國儲備糧總公司總經理包克辛說：「他們掌握了中國植物油銷售的終端管道，然後他們再建立或收購麵粉廠、大米加工廠，用植物油的銷售管道進入糧食消費市場，這就給中國糧食流通帶來極大風險。」另據包克辛透露說，世界四大糧商已經將目光鎖定中儲糧公司，希望與該公司合作，共同「經營」中國糧食市場。

中國糧食經濟學會副會長宋廷名介紹說，四大跨國糧商為ADM、邦吉、嘉吉和路易達孚，它們壟斷了世界糧食交易量的百分之八十，是國際糧食市場的「幕後之手」。

黑龍江九三油脂公司總經理田仁禮說：「糧食安全的關鍵在加工流通領域。跨國公司想用低價糧食衝擊生產的可能性不大，但如果掌握了糧食加工流通，就掌握了糧食製成品的定價權，這會影響到中國糧食市場的調控。」

由此可見，跨國糧商進入中國投資的目的在於掌控糧食加工流通領域，以此來完全壟斷中國的糧食市場。

與國內企業相比，跨國糧商具有較強的資金優勢，這也為他們和國內企業競爭奠定基礎。鄭州糧食批發市場總經理喬林選說：「跨國糧商不僅有強大的資金優勢，而且通過食用油已建立起行銷網路，並樹立一系列品牌。他們利用這些優勢，與中國糧食加工企業競爭，會有很強的殺傷力。」

包克辛說：「跨國公司的發展十分迅速，如果不採取措施，三年後局面可能就沒法控制。他們會成為中國糧食加工銷售的龍頭。而當前一些地方政府缺乏這種警惕性，在招商引資中，普遍存在外資優於內資的思想。有的地方政府極易被他們利用，提供各種便利條件，讓他們建立或併購糧食加工企業。即使跨國糧商不與中儲糧合作，他們也能找到糧源。現在的地方糧食企業大都經過改制，很多變成個人承包，很容易被收購，或者充當他們獲取糧源的工具。」

「現在國內沒有真正的大企業能與之抗衡。」包克辛說：「目前，中儲糧作為全國最大的糧源控制企業，具有較強的實力，卻沒有糧食加工業務。中糧集團有加工業務，卻不能掌控糧源，銷售網路也不夠。華糧集團雖然在全國屬於比較大的企業，但實力與跨國公司不能相提並論。」

在這種狀況下，找出與跨國糧商對抗的策略迫在眉睫。多位專家建議，應對跨國糧商的對策應從兩方面著手：一是提高其進入糧食加工流通領域的門檻，嚴格小麥、大米等口糧加工產業的外商准入制度，控制外資進入的速度和規模。同時，應由國家協調，盡快實現央企與央企聯合，中央與地方聯手，建立糧食加工流通的國家隊和大型企業集團。

專家指出：「目前中國糧食市場調控存在的一大問題是只有儲備，沒有加工品和銷售的控制，這樣就會給調控帶來風險。」

這樣的問題在中國很嚴重。據悉，在二〇〇七年市場植物油價高漲時，為了控制油價直線上升，中儲糧拋售二十萬噸食用油儲備，結果卻杯水車薪。原因是這些儲備油被一家跨國企業大肆收購，然後存起來不投放市場，致使國內市場調控失敗。

跨國糧商為了達到控制中國糧食市場的目的，不惜從多方面出手。他們一隻手直接伸向糧食市場，而另一隻手則間接伸向中國化肥市場。

中國是化肥消費大國，糧食生產又是化肥高消耗產業。目前除氮肥外，中國的磷肥與鉀肥原料都存在嚴重的對外依賴問題，在一定程度上受制於人。

從去年以來，國內鉀肥價格一路猛漲。有關專家分析，這主要是由於國際鉀肥生產巨頭掌握了定價權，不斷抬高價格。

中國工程院院士鄭綿平等專家指出，中國每年消費鉀肥實物量達一千一百多萬噸，但鉀鹽資源探明儲量只佔全球的百分之〇．四五。目前鉀肥進口依存度達到百分之七十左右，造成鉀肥價格控制非常被動，在很大程度上受制於人。

據山東省農資協會會長袁敦華介紹，複合肥目前佔中國農用化肥一半以上的份額，複合肥中鉀肥成本最高。現在，因為國外企業控制鉀肥價格，每噸達兩千三百五十元還提不到貨，不少國內複合肥生產企業的壓力不堪承受。

國際鉀肥資源和鉀肥供應集中於俄羅斯、加拿大和以色列，國際鉀肥生產巨頭正在通過限產提高售價。由於鉀肥資源匱乏，國內鉀肥企業的產量只佔總需求的百分之三十。自二〇〇五年以來，國內鉀肥進口不斷增加，去年進口量再創歷史新高，達到九百六十萬噸。

作為生產磷肥主要原料之一的硫磺，去年以來也出現價格暴漲。中國硫磺產能不足，對外依存度同樣高達百分之七十。

目前國際市場硫磺供應緊張，加拿大、俄羅斯、中東國家今年對中國硫磺供應都將減少。

據山東聯盟化工有限公司生產部經理張德煥介紹，磷肥生產所需要的硫磺從去年下半年開始，價格幾乎漲了十倍，而硫磺佔磷肥成本的二分之一，由此大幅度增加了磷肥的成本。

中國社會科學院農村所專家李成貴指出，與二〇〇三年相比，國內除尿素以外其他化肥產品價格上漲幅度均超過一千元／噸，這意味著每袋化肥價格上漲幅度超過五十元。

按照去年十一月底的糧食價格和化肥價格折算，糧食價格增長給小麥、水稻優勢生產區的農戶每畝帶來增收最多分別達到一百五十元／畝、一百六十元／畝。而化肥價格增長導致小麥、水稻的生產成本相應增長了四十七元／畝、四十六元／畝。小麥和水稻收益增長的近三分之一被抵消。國家鼓勵糧食生產的補貼幾乎全被化肥漲價所抵消。

中國鉀鹽協會認為，今年進口氯化鉀等鉀肥價格將繼續上漲，國際鉀肥市場價格年內將有可能達到一千美元／噸。

黑龍江信豐農資集團總經理劉斌說，從國內磷肥產能來看，如果自產自銷，基本能滿足國內需求。受世界磷肥成本上升和產能限制，預計在二〇一二年以前，磷肥仍處於漲價趨勢。二〇一二年沙烏地阿拉伯年產六百萬噸磷肥廠投產後，磷肥的價格才有可能下降。

鉀肥和磷肥之所以快速上漲，這是國際糧商的陰謀。多位專家認為，作為糧食生產大國，要確保糧食安全，中國必須確保化肥安全。如果不能掌握化肥價格定價權，最終也難以掌握糧食定價權。因此，中國政府必須盡早採取措施。

國家小麥產業技術研發中心研究員沈阿林認為，目前全國不少農區盲目施肥的現象仍然突出，應通過採取切實可行的技術措施，緩解目前因磷鉀肥價格上漲對農業生產帶來的負面影響。

國際糧商的操縱行為已經向中國敲響警鐘，中國政府應該警醒：從表面上看，保障國人的「糧袋子」的安全，僅僅是國內經濟安全的一個小的部分，但現實是，跨國糧商已經通過數量方面的逐漸增加，開始在國內糧食加工或流通領域攻城掠地，從而嚴重威脅著中國的糧食安全。鑒於大米居中國糧食之首，是國家糧食安全的重中之重，如果大米產業像大豆產業那樣，其主導權被跨國糧商掌握，將對中國糧食安全產生極為不利的影響。

因此，中國政府應建立和強化嚴格的跨國糧商准入制度，由國家協調，盡快實現央企與央企聯合，中央與地方聯手，建立糧食加工流通的國家隊和大型企業集團，並將市場准入審批權掌握在國務院有關部門的手中，從體制和經濟上把好「糧袋子」的「安全門」，嚴格控制外資進入大米加工產業的速度和規模，從而保障中國人的「糧袋子」不被跨國糧商奪去。

四、堵住糧食走私的大門

今年以來，由於國際糧價暴漲，國內外大米價格甚至相差四倍。在巨大價差誘惑下，糧食走私出境案件時有發生。就連世界頭號大米出口國的泰國，也成為中國糧食走私的目的地。

據悉，國際市場上一斤大米的價格已經超過六元，而國內市場上大米的價格還普遍在每斤一．五元左右。國內國際市場價格之所以相差巨大，原因是從二〇〇八年一月一日起，中國對小麥粉、玉米粉、大米粉等糧食製粉實行臨時性的出口配額許可證管理。而管理權主要掌握在中糧集團手中，其他的小公司想出口糧食，只能另闢捷徑——走私。

當合法出口糧食的權力掌握在壟斷國企手中，農民是無法賺取國內外糧食的差價。但這卻讓許多神通廣大的走私團夥得到大發橫財的機會。在巨額利潤的刺激下，日益增多的糧食走私犯罪如春風野草般讓執法者大感頭痛，而且也不利於政府對中國糧食市場的規範化管理。

二〇〇八年六月十九日，廣州日報報導：「一向不太起眼的大米和麵粉成為新的走私品，糧食走私成了一種新現象。就連世界頭號大米出口國的泰國，也成為中國糧食走私的目的地。」

據廣州海關工作人員介紹，中國深圳、拱北、昆明、南寧、杭州等多個海關陸續查獲糧食走私出口案件，如深圳文錦渡海關、蛇口海關連續查發了十六起涉嫌逃證逃稅出口麵粉案件。高頻率的走私案件引起政府的關注和重視。

糧食走私的出現源於國內外糧食價差擴大，據統計，進入四月份以來，國際米價已經躍過FOB一千美元／噸（指裝運船上交貨，由買方承擔運費和保險費）的大關。據糧食貿易商估算，FOB一千美元／噸的成本再加上運費保險費（一噸約一百美元）、出口關稅百分之十七、營業稅及附加百分之五．五，再加上約百分之十的合理利潤，這樣算來，國際市場上每斤大米零售價格要達到七元左右。而目前國內市場上，大米價格一般穩定在一．五元／斤左右，價差達到四倍之多。

大米走私的目的地不僅是泰國，還有越南和港澳地區。在昆明河內地區，邊民走私的對象是越南。根據越南當地媒體報導，在越南北部的安沛省市場，一直有來自中國的大米銷售，其中多數為走私米。

截至四月十七日，越南國內市場破碎率百分之五大米報價為每噸七百五十美元（胡志明市FOB價）。而供應出口的大米價格則更高，報價在一千一百九十～一千兩百二十美元（CNF貿易資料，買方承擔運費，買方承擔保險費價）。

拱北海關走私的大米則主要銷往港澳地區。自四月初，由於泰國出口大米價格飆升，供港量減少，港澳出現「米荒」局面，目前香港米價亦遠遠高於內地。有進口商透露，泰國米報價已創下每噸約五千九百港元的價格紀錄，有部分泰國香米近日批發價已衝破一千美元大關。在超市裡，一斤米價格在四～七元間，亦是國內米價的數倍。

針對大米走私行為，分析人士認為，中國的糧食低價背後，是大量的糧食補貼，而糧食走私除了使中國關稅遭受損失外，還變相使得糧食補貼流失境外。

目前，針對農民種糧的補貼就有良種補貼、農資綜合直補、直接補貼等三種以上，每畝從二十五元～七十五元不等，這些補貼在一定程度上穩定了當前的糧食價格。

而且，目前中國糧食供需處於緊平衡局面。從去年十二月底開始，商務部對中國糧食出口實行新的關稅政策，如果糧食走私進一步猖獗，很可能影響中國糧食供需緊平衡。

糧食走私案件頻發的背後伴隨著國際糧食市場的暴漲行情，糧食走私利益鏈是怎樣形成的？這種突發的現象透露著什麼資訊？這種新的走私行為會帶來哪些危害？

為了弄清楚這些問題，市場調查人員對黃埔老港海關的查驗關員黃先生進行查訪。

黃埔老港海關機檢科的查驗關員黃先生說：「二〇〇八年四月三十日上午十時，一個貨櫃的貨物正在進行機檢，一份《海關出口貨物報關單》隨即出現在車載電腦上，貨物名稱註明是『木塑纖維板』，目的地為馬來西亞，貨物來自深圳市福田區的一家商行。通過X光掃描發現，圖像顯示這批貨物的密度很大，與木塑纖維板成像並不一致。一查驗全是麵粉，共有十七噸。這是一起典型的偽報品名糧食走私案件。」

「五月十九日，深圳市一家進出口有限公司有兩個貨櫃的『淨水劑』準備出口到印尼的雅加達，機檢後發現裏面裝的是足足四十五噸麵粉。」

「常規的查驗手段也截獲數批走私糧食。一次有個準備運往東南亞的大理石碎石貨櫃在通關時，被老港海關大碼頭監管科工作人員扣了下來。開箱查驗時，裏面裝的全是東北大米，有九十二噸之多。走私目的地竟然是世界頭號大米出口國泰國。」

據黃先生介紹，自四月二十九日到六月二日約一個月的時間內，黃埔老港海關監管現場已累計查獲七起大米、麵粉等糧食或糧食製品走私案件，成功阻止了兩百八十餘噸糧食違規走私出口。

不僅黃埔老港海關查獲多起走私案件，而國內多個海關都面臨著糧食走私出口的風險。

與走私同步進行的是，中國正常的糧食出口仍在繼續。據海關統計，二〇〇八年一～四月，廣東省出口糧食六．三萬噸，價值三千零九萬美元，出口量比去年同期下降百分之三十五．六；逾九成以一般貿易方式出口。今年一～四月廣東省糧食出口均價為四百七十八．一美元／噸，增長百分之五十二．一。其中，四月份出口均價為五百零五．三美元／噸，增長百分之六十二．八，創歷史新高。

對於糧食走私風險凸顯的原因，黃埔老港海關有關人員進行分析。二〇〇七年以來，受世界主要產糧國糧食減產、生物燃料需求旺盛以及全球糧食庫存量下降等因素的影響，國際糧價大幅攀升，世界主要糧食價格自二〇〇五年來已上漲百分之八十。今年三月，大米價格達到十九年來最高，小麥價格創下二十八年來最高，僅今年頭兩個月，世界糧食價格就上漲了百分之九。

國際米價一路狂飆。二月份泰國大米為五百美元／噸，到四月份時已經暴漲到一千美元／噸；進入五月份，國際大米上漲勢頭有所減緩，但仍然處於高位。

除了大米外，國內麵粉價格大約五千八百元／噸，國際市場價接近七千元／噸，其中約有一千元／噸的差價。極大的差價誘惑，使糧食成為新的走私品。

糧食違規出口勢必對國內的糧食供給產生負面影響，對不斷攀升的糧食及其製成品價格無疑是火上澆油，同時這種偽報出口還存在騙退稅、逃避許可證監管等連帶問題。

為了穩定國內的糧食價格，國家每年都要花很多錢對農民進行直補。廣糧集團的一位業內人士稱，目前廣州市對種糧農民的直補已經相當高，每畝地的補貼金額超過一百元。

糧食非法走私出口危害極大，不僅使國家對農民的種糧補貼相當於變相補給國外的消費者，而且一些不法的商人通過偽報品名走私糧食，不僅逃避臨時出口關稅，甚至還可以騙取國家其他品種的出口退稅。同時，這種糧食走私行為已對國內糧食供應造成影響，導致國內糧價波動。

對於糧食的非法走私，海關工作人員戲稱為「一場貓和老鼠的博弈」。在查獲的七起糧食走私案件中，經營公司有五家來自深圳，二家來自青島，沒有一家廣州本地的公司。這些公司大多是小公司、信譽不高的公司。慣用的手法就是異地報關，貨物出口地大多在東南亞、非洲等地區。

針對這種突然頻發的走私現象，黃埔老港海關進行了專項風險分析，並提出專門的布控方案。「提取一些異常的資料作為監控重點，提高查驗的針對性。同時充分利用相關部門的資源，如工商部門的一些資料，希望通過多管道手段來打擊現階段突出的糧食走私現象。」黃埔老港海關關長梁潤超說。

梁潤超說，有鑒於此，黃埔老港海關已從幾個方面加強監管：針對「偽報」、「瞞報」違規走私方式，以監管區巡查監控為主要監管手段，強化船邊巡查，加大對「單貨不符」的打擊力度。

五、嚴格控制糧食出口

世界糧食危機爆發後，全球糧食價格上漲也帶動中國糧食價格在二〇〇七年全年高位運行，為了保持供需平衡，穩定糧食價格，中國政府採取控制糧食出口的措施。

國家統計局資料顯示，二〇〇七年全國糧食播種面積十五·九一億畝，同比增加九百多萬畝，增幅百分之〇·五。二〇〇七年糧食總產量五億萬噸以上，比二〇〇六年增加四百零五萬噸。

從資料上看，國內糧食總供給量增加，但隨著人口增長、居民消費水準提高，尤其生物燃料和加工業的飛速發展，使二〇〇七年國內糧食消費繼續增長，口糧消費穩中略降，但飼料糧消費穩定增長，工業用糧增加較快，這就造成中國糧食在今後一個階段內，糧食產需基本平衡、部分品種短缺致使整體結構失衡的局面。

在二〇〇七年，國內糧食總消費量五萬兩千七百五十萬噸，比二〇〇六年增加三百五十萬噸，產需缺口由二〇〇六年的一百萬噸增至兩百七十萬噸。

隨著國際糧價持續走高，糧食供應越來越緊，中國糧食供需形勢也日漸吃緊。為了防止大量出出口給國內糧食供應帶來的壓力，二〇〇七年十二月十七日，財政部和國家稅務總局發出公告，決定從十二月二十日起取消小麥、稻穀、大米、玉米、大豆等原糧及其製粉的出口退稅，共涉及八十四個稅則。

針對此公告，分析人士認為，此舉將減弱相關糧食品種的出口積極性，以增加國內市場的供應，從而達到緩解 CPI 增長過快的目的。國家資訊中心經濟預測部經濟師張永軍表示，糧食產品出口退稅的調整，主要是為了調節糧食的進出口量，以達到國內供求的平衡，防止進一步的通貨膨脹。

據國家統計局公布的數字，二〇〇七年中國十一月份 CPI 同比漲幅達到百分之六．九，已經接近一九九六年底的水準，其中糧食價格上漲百分之六．六。顯然，此輪 CPI 的高漲，食品類價格輪番上漲和成品油調價的擴散效應成為主推力量。

「在這一壓力下，國家做出的這個決定非常及時。」社科院經濟所宏觀室主任袁剛明表示，「中國糧食近幾年來，一直都是生產過剩，但是由於大量的出口以及工業使用後，儘管糧食的價格沒有直接被表現出來，飼料的價格卻大幅上漲，因此豬肉的價格也開始跟著上漲。這是此輪 CPI 增長過快的源頭。」

商務部研究員梅新育表示，由於當前國際農產品價格高企，提高了國內農產品出口熱情，這不僅促使國內農產品價格進一步向國際看齊，同時也在一定程度上加速國內糧食供應的短缺。他說：「目前正值國內糧食供應緊張的時候，削減出口規模，優先保障國內供應正是理所當然。」

國家糧食局局長聶振邦表示，儘管中國的糧食供給主要依靠國內生產，但是其需求增長速度遠遠大於生產速度。並且，中國糧食播種面積繼續擴大的餘地越來越小，單產水準繼續穩步提高的難度加大。糧食生產穩定發展的基礎還需進一步加強，保持糧食供需長期基本平衡的任務非常艱巨。

在供需失衡的局面下，中國政府又一次果斷地採取限制糧食出口的措施。二〇〇八年五月五日，國家商務部發出通知：要求各地嚴格落實糧食、植物油、化肥進出口政策，採取切實有效措施，嚴格控制糧食出口。

此外，商務部還要求各地商務部門及時受理符合條件的植物油進口企業備案，加快植物油自動進口許可證發放，協調質檢、海關等部門為企業擴大緊缺品種進口提供便利。加強對化肥出口的監測分析，及時報告嚴格控制化肥出口的執行情況、存在問題及政策建議。

通知還提出，各地要不斷強化重要農產品儲備工作，建立健全儲備制度，有條件的地方可支援大型流通企業增加小包裝糧食、食用植物油、肉類等重要生活必需品的庫存量，作為政府儲備的補充。按照中央儲備與地方儲備相結合、政府儲備與商業儲備相結合、應急儲備與調控儲備相結合的原則，進一步加強儲備商品管理。

在加強儲備商品管理的同時，二〇〇八年五月六日，國家發展和改革委員會有關負責人說，為保證國內糧食市場供應，保持市場糧價基本穩定，既不大漲也不大落，近年來國家從促進生產、流通、庫存、進出口等方面採取了一系列的措施。

這位負責人說，糧食價格一方面關係到種糧農民的切身利益，另一方面關係到消費者的承受能力。為保證國內糧食市場供應，保持市場糧價基本穩定，在中國糧食連續四年增產的情況下，國家對糧食生產依然高度重視。今年又進一步加大對農業和糧食生產的扶持力度。在預算安排「三農」投入五千六百二十六億元，比上年增加一千三百零七億元的基礎上，又增加兩百五十二・五億元資金，主要直接補貼給種糧農民。

並且，全國糧食庫存檢查工作已經展開，國家有關部門也派出工作組對部分省（區、市）的庫存檢查工作進行督導巡查和直接隨機抽查。同時進一步加大對糧油加工、批發、零售等重點環節經營行為的監督檢查力度，加強對大型糧油批發市場、超市和農貿市場的巡查，督促企業加強自律和承擔社會責任，堅決打擊囤積居奇、哄抬價格等違法行為，維護正常的市場流通秩序。

二○○八年七月二日，國務院常務會議再次傳遞出決策者穩定糧食生產、擴大供給的決心。會議通過《國家糧食安全中長期規劃綱要》，指出當前中國糧食安全總體形勢是好的，糧食綜合生產能力穩步提高，食物供給日益豐富，供需基本平衡。

會議強調，要使糧食自給率穩定在百分之九十五以上，二○一○年糧食綜合生產能力穩定在十億噸以上，二○二○年達到一．○八億噸以上。

但一些專家也提醒，雖然目前國內糧食處於緊平衡狀態，考慮到幾大影響糧價的因素變化，目前絕不可以對國內糧食問題掉以輕心。

去年以來，農用生產物資、人工等生產成本持續增加，近期油價的調整又加劇農資上漲態勢。雖然糧食價格也有一定幅度的上漲，但隨著化肥、塑膠、飼料、柴油等農業生產成本較大幅度增長，一些農民反映，農副產品漲價效益正在被削減，農民實際生活水準有所下降。

基層幹部和農業部門的人士認為，農資價格上漲過快，抵消了政府給農民的各項補貼，有可能挫傷農民種田的積極性。

中國社科院農發所糧食問題專家李國祥指出，經過實地調查，河南百分之八十的農民不願意放棄耕地，這表明國家一系列支農惠農政策調動了農民的種糧積極性。但同時他也指出，今年六月份國內油價上漲後，農資價格上漲百分之二十，而糧食價格只上漲百分之十，這使農民產生一定的不滿情緒，是一個危險信號。

目前，隨著國際市場糧價不斷上漲，糧食安全問題形勢嚴峻。但在國際糧價飆升之際，現階段國內糧食供應比較充裕，價格總體平穩，且國內糧價與國際市場仍存在相當大的差價。隨著農資價格上漲，這又形成新的問題。

國務院發展中心農村部研究員崔曉黎指出，一九九八、一九九九、二〇〇七年中國糧食生產均突破十億噸以上，今年預計還會突破。二〇〇三年中國連續四年出現糧食產量下降，並不是中國沒有生產能力，而是由於糧食價格長期偏低，導致農民棄耕、荒種。

崔曉黎說，今年國內糧食的庫存總量保守估算不會低於兩億噸，這個數字相當高。一方面庫存成本很高，另一方面糧食存量增多往往使得市場銷售疲軟，產區糧食價格下降，這必然影響農民的種糧積極性。因此他建議在一定程度上放開糧食出口管制，令國內糧價與國際適當接軌。

北京大學中國經濟研究中心的教授宋國青分析認為，未來糧價應該會小幅上漲，但從長期來看，和其他產品相比，價格還是偏低。在目前國際糧價上漲的形勢下，國家在糧食出口方面不能「限制太死」。他也認為，中國拿出一部分糧食出口，既可以抬高價格，增加農民收益，也可以緩解國際糧食緊張的局面。

六、保護耕地刻不容緩

中國快速的城市化和政府的退耕還林政策，使近年內中國大片可耕地不可逆轉地消失，這勢必對中國的糧食總產量產生負面影響。

二〇〇六年，國家統計部門對中國耕地狀況進行統計，結果表明，中國的耕地從一九九九年到二〇〇五年減少了八百萬公頃，每年大約減少百分之〇．一八。耕地在逐漸減少，人口在逐漸增多，專家估算，為了保持供需平衡，到二〇一〇年，中國仍必須生產至少五億噸糧食才能滿足人口需求，這就要求中國保留一．〇三億公頃的農田。

而在二〇〇五年，中國在一．〇四億公頃的耕地上生產了四．八四億噸糧食，按照可耕地的減少速度，到二〇一〇年，中國的可耕地正好足夠生產五億噸糧食。而在近年來，中國農村的土地經常被地方政府官員和房地產開發商任意徵用，變成為工業或商業用地。如果減少這些用地，中國糧食的總產量就達不到五億噸的標準，這就意味著中國糧食安全問題不樂觀。因此，為了保持國內糧食供應，必須堅決保護可耕地。

但令人擔心的是，中國政府雖然一再告誡國民要保護可耕地，結果卻不理想，可耕地仍在減少。二〇〇七年，中國國土資源部在發布的《國土資源公報》中指出，根據土地利用變更調查結果，二〇〇七年全國耕地為十八．二六億畝，全國耕地淨減少六十一．〇一萬畝，減幅百分之〇．

○三。

全國耕地每年在減少的信號，提示著人們保護耕地刻不容緩。二○○八年以來全球性的糧價上漲，為中國的耕地保護又一次敲響警鐘。

二○○八年六月二十五日，是第十八個全國「土地日」，中國政府將「堅守耕地紅線，節約集約用地，構建保障和促進科學發展的新機制」定為今年土地日的主題。國土資源部部長徐紹說，深刻理解和貫徹落實這一主題，對於實行最嚴格的耕地保護制度，節約集約用地，保障糧食安全，促進經濟社會全面協調可持續發展，意義重大。

徐紹指出，當前中國又正處於工業化、城鎮化快速發展時期，由於長期形成的深層次結構性矛盾和粗放型經濟增長方式尚未根本改變，土地管理體制、機制和法制障礙依然存在，土地作為緊缺戰略資源對經濟發展的制約已越來越明顯。

而現今，中國土地資源的狀況是矛盾突出。一方面，中國人口眾多，人均耕地少、優質耕地少、後備耕地資源少。中國人均耕地只有一．三八畝，不到世界平均水準的百分之四十，一些省（市）人均耕地已低於聯合國糧農組織確定的○．八畝警戒線；另一方面，中國土地利用粗放浪費嚴重，土地供需矛盾突出，違規違法用地屢禁不止。建設用地盲目擴張，土地利用效率低下，節約集約用地潛力巨大。目前，中國建設用地中閒置土地、空閒土地、批而未供土地大約有四百萬畝，各種人為因素造成的廢棄地兩億畝，未利用地三十九億畝，大有潛力可挖。這種特殊的土地資源國情，決定了我們必須切實保護耕地，大力促進節約集約用地，堅持走一條建設佔地少、利用效率高的符合中國國情的土地利用新路子。這是關係民族生存根基和國家長遠利益的大計，是全面貫徹落實科學發展觀的具體要求，是中國必須長期堅持的一條根本方針。

近年來，各地建設用地供需矛盾日益加劇已成為不爭的事實。要破解這個難題，就要在土地管理方式上，將以往的國土資源部門「一家管、大家用」改變為「大家管、大家用」，構建共同責任機制，在全社會更好地構建保障和促進科學發展的新機制。

長期以來，各地建設用地指標由國土資源部門掌握。國土資源部門既要堅守十八億畝耕地，又要保障發展，在雙重壓力下，常常面臨尷尬境地。

山西省國土資源廳廳長杜創業說，今年我們向山西省委、省政府彙報全省建設用地工作情況時，建議在山西建立起市長負責的建設用地平衡機制，即：每年省國土資源廳按照全省各地經濟發展的比例將建設用地指標分解到各市，由各市市長按照各地項目用地的輕重緩急進行建設用地指標分配。國土資源部門只核准具體項目用地是否符合國家標準，對不符合產業政策的項目行使否決權，不介入具體項目用地的安排取捨，這樣能使從嚴供應土地與保障區域經濟又好又快發展有機結合起來。這一做法，使土地年度計畫管理環境明顯改善。政府主要領導負責，國土資源部門具體實施，相關部門主動配合的新機制正在形成。

徐紹表示，在我們這個擁有十幾億人口的發展中大國，糧食安全和耕地保護始終是第一位的大問題。「手中有糧，心中不慌。」糧食問題事關全局，牽一髮而動全身。今年全球性的糧價上漲，為中國耕地保護又一次敲響了警鐘。堅守十八億畝耕地紅線，是黨和人民賦予國土資源部門的法定職責，也是地方各級政府和有關部門的共同責任。

既保障經濟發展又要保護土地資源，處理好二者之間的關係十分重要。徐紹說，圍繞堅守十八億畝耕地紅線的總目標，要嚴格落實耕地保護目標責任制，嚴格執行耕地保有量、基本農田面積、土地利用總體規劃和年度計畫等四項指標。要強化土地利用總體規劃的整體控制作用，嚴格土地用途管制，從嚴控制城市用地規模。要按照節約集約用地的原則，審查調整各類相關規劃和用地標準。各類與土地利用相關的規劃要與土地利用總體規劃相銜接，所確定的建設用地規模必須符合土地利用總體規劃的安排，年度用地要控制在土地利用年度計畫之內。

在保護耕地方面，中國政府已經加大監管力度。二〇〇八年，國土資源部連續出臺了幾份文件，進一步規範了土地市場。如由中紀委、監察部、人力資源和社會保障部、國土資源部聯合公布的《違反土地管理規定行為處分辦法》，以及由國土資源部、國家工商總局聯合發布的《國有建設用地使用權出讓合同》示範文本等。處分辦法和示範文本分別從今年六月一日和七月一日起施行。

《違反土地管理規定行為處分辦法》法進一步規範土地市場准入門檻，明確土地管理不作為將受嚴懲。處分辦法規定：有下列行為之一的，對縣級以上地方人民政府主要領導人員和其他負有責任的領導人員，給予警告或者記過處分；情節較重的，給予記大過或者降級處分；情節嚴重的，給予撤職處分：（一）土地管理秩序混亂，致使一年度內本行政區域違法佔用耕地面積佔新增建設用地的比例達到百分之十五以上，或者雖然未達到百分之十五，但造成惡劣影響或者其他嚴重後果的；（二）發生土地違法案件造成嚴重後果的；（三）對違反土地管理規定行為不制止、不組織查處的；（四）對違反土地管理規定行為隱瞞不報、壓案不查的。

一個明顯的事實是，近年來中國的土地違法現象層出不窮，其中絕大多數違法案件都與地方領導的指使或縱容有關。據國土資源部有關負責人介紹，從二〇〇七年國土督察執法情況來看，約百分之八十的違法主體為地方政府和官員。國土執法部門執法手段不強，一些地方政府在利益和政績衝動下，無視國土保護法律法規，這是政府土地違法現象一直未能解決的主要原因。

要解決土地違法現象，政府機關在管理方面就要嚴格實行問責制。建立健全事前事中事後緊密銜接、覆蓋土地審批、供應、使用、補充和開發全過程、相關部門協調配合的土地監督管理制度。同時，充分發揮國家土地督察機構的作用，綜合運用法律、經濟、行政和科技手段，切實加大土地違法違規案件的查處力度，堅決遏制土地違法勢頭。

七、對低收入者限額補貼

近幾個月來，糧食價格高漲成為許多國家頭疼的難題，特別是大米價格的漲幅翻了好幾倍，這在部分地區導致緊張局勢。受糧食漲價影響最大的莫過於貧困人口，他們的生活越來越艱辛了。

菲律賓是世界最大的大米進口國之一，為了保證國內市場的大米供應，菲律賓政府除了嚴打囤積居奇等不良行為外，還在國內開展一場節約糧食運動，一些速食連鎖店也開始將每份米飯的分量減少一半。二〇〇八年四月一日，菲律賓學生集會，抗議物價上漲過快。

糧食價格瘋漲也波及到印度的鄰國巴基斯坦，由於糧食供應不足，巴基斯坦重啟糧食配給制度，通過定量供應卡為家庭提供糧食補貼。在巴基斯坦一些地區，裝運小麥和麵粉的卡車甚至要軍人看管。二〇〇八年四月二日，婦女聚集在巴基斯坦首都伊斯蘭堡一家米店門口，排隊購買價格相對便宜的米。

據《金融時報》報導，由於食品價格上漲，墨西哥城發生「玉米餅暴亂」，印尼人走上街頭，抗議大豆短缺，非洲大陸的尼日共和國、塞內加爾、喀麥隆和布吉納法索也引發騷亂。

……

糧食危機日漸嚴重，糧食短缺問題威脅著人們的生活，特別是貧困人口，他們正承受著高糧價所帶來的饑荒。為抑制不斷上升的食品價格，防止社會動亂，各發展中國家政府正採取措施增加農產品進口，限制出口。例如，印度取消食用油和玉米的進口稅，並禁止除高檔 basmati 大米之外的所有大米出口。沙烏地阿拉伯將小麥進口關稅從百分之二十五降至零，並削減禽類、乳製品和植物油的進口稅。阿根廷與越南等糧食出口國也加入限制出口的行列，作為全球第三大大米出口國，越南表示在二〇〇八年將把大米出口削減百分之十一。

這些措施表明，各國政策正從保護農民快速轉向保護消費者，特別是城市低收入者，使其免受食品短缺和物價上漲的衝擊。但取消食品進口稅、加徵出口稅或限制出口將損害本國農民的利益。經濟學家們警告稱，這類措施可能引發全球食品價格扶搖直上，造成通貨膨脹。對窮人進行補貼才是最可取的作法。

二〇〇八年四月六日，路透社發表文章說，面對糧食漲價，採取價格控制並不能扭轉上漲的局面，有針對性地為窮人提供收入補貼和食品援助會更加有效。

文章指出，應對物價上漲可借鑒秘魯經驗。一九八五年，秘魯物價高漲，秘魯新任總統阿蘭·加西亞下令對大米、糖及其他商品的價格進行控制，努力使該國窮人能夠買得起這些基本食品。但食品短缺和黑市興起，使秘魯百姓不得不為購買基本食品排隊幾個小時。五年後，在一輪又一輪上漲的通貨膨脹中，加西亞總統下臺了。

如今秘魯再次面臨食品價格上漲時，重新當選的加西亞總統吸取了過去的教訓，不再進行價格控制，而是實行對窮人分發大米的方式。

糧食價格大幅上漲使秘魯國內越來越多的民眾陷入饑荒之中。為了緩解糧荒，二〇〇八年四月，秘魯政府出動軍隊，挨家挨戶地給人們分發糧食。秘魯貧民說：「這能滿足我們好幾天的口糧，就算是在半夜送，我們不睡覺也沒關係，因為我們真是需要食物。」

在全球高糧價的推動下，秘魯的麵粉價格達到每公斤一．二七美元，比去年同期上漲了百分之三十五，合人民幣約為每斤四塊四毛五。雖然秘魯的經濟增長連續六年保持在百分之九上下，可是貧困地區的人們卻很難從中分享到成果。

目前秘魯全國有百分之四十二的人口，約一百二十萬人生活在貧困當中。就算在平時，他們之中的很多人也都會為吃不飽而發愁，更別提在糧價這麼高的情況下了。所以人們把這次糧食派發看得比什麼都重要，認為這才是實實在在的好處。

世界銀行、國際貨幣基金組織和其他國際機構都很贊同秘魯的作法，並提倡其他國家向秘魯學習。世界銀行經濟學家唐．米契爾說：「各國政府應該採取有針對性的行動，應該直接對窮人提供補貼，而不是進行全國範圍的補貼。與採取全國性措施相比，有針對性地為窮人提供收入補貼和食品援助會更加有效。」

泰國政府借鑒了秘魯的作法。二〇〇八年六月十二日，泰國財政部長素拉蓬表示，由於食品和燃油等基本生活物資價格高漲，政府將從七月起為窮人發放生活補貼，每月約為三百到四百泰銖，預計補貼計畫至少持續一年，以幫助窮人維持基本生活需要。

對窮人進行補貼是最有效益的，也是最實惠的方式。為了迅速解決糧食問題，許多政府採取了老辦法。許多政府發現，最快速、最容易、最普遍的做法是進行價格控制。

針對價格控制的作法，國際經濟學家進行分析後，警告說，價格控制及其他干預措施會引起市場扭曲，因為這些措施會導致國內生產、加工和貿易萎縮。因為價格控制會妨礙市場尋找解決通貨膨脹的方案。

例如，阿根廷限制國內食品價格和對糧食出口徵收出口稅的做法引起全國性的農民抗議，導致肉類和乳製品出現短缺，並使糧食出口處於癱瘓狀態。與此同時，馬來西亞政府稱正在重新評估對包括牛奶、鹽、麵粉和大米等在內的二十一種食品進行價格控制的做法，因為這些做法造成嚴重的物資短缺和走私活動猖獗。

經濟學家們說，只有當基本食品支出只佔家庭總支出較小份額時，或者實施時間較短時，價格控制才有可能產生作用。如果價格控制的時間持續較長，出現擾亂穩定的價格跳升的可能性便會增加，並且，控制價格破壞了糧食的供求關係。

在生產物資價格上漲的情況下，糧食價格被人為壓低，反而會使農民喪失種糧的積極性，從而導致未來糧食的減產。在糧食問題上奉行貿易保護主義，一方面惡化國際糧食供求關係，抬高國際糧價；另一方面，傷害本國農民的利益。而國內糧價低於國際糧價，也會刺激糧食走私、出口。這會使政府面臨這樣尷尬的局面——儘管國內糧食緊張，但糧食仍然在往外運。十九世紀末的愛爾蘭饑荒就出現過這樣的問題。所以，在世界糧食產量並沒有下滑的情況下，市場的自我調節能力比簡單的政府干預有效。

政府對糧價進行管制，實際上掩蓋了糧食安全問題的真正威脅。有不少研究表明，很多歷史上發生餓死人的大饑荒，與糧食供給沒有必然的關係。諾貝爾獎得主阿馬蒂亞．森對上個世紀四〇年代的孟加拉饑荒研究發現，當時孟加拉的糧食供給並沒有比正常的年份顯著減少，但是，這次饑荒卻餓死幾十萬人。森認為市場上並不是沒有糧食，而是人們買不起糧食。實際上，赤貧階層對糧食的生理需求，並不能轉變為市場需求。人們被餓死是因為他們一無所有，他們買不起可以救命的糧食。分析、應對當前的這場糧食價格危機，不能只看到糧食的供給因素，更應該去追問是什麼原因導致人們喪失對糧食的購買能力。

在那些食品支出佔家庭支出絕大部分的貧窮國家中，全球食品價格上漲帶來的影響更大，因此採取正確的應對措施極為重要。雖然價格控制可能被看成是一種誘人的快速解決辦法，但沒有任何證據表明這一措施能夠減輕通貨膨脹的壓力。

國際食物政策研究所高級研究員大衛．奧登說：「歷史經驗表明，這一政策很少能長時間發揮作用。」他說：「對於需要進口食品的發展中國家來說，政府的財政負擔會非常重。那些財政資源有限的國家便會採取印刷更多鈔票的做法，從而進一步加劇通貨膨脹。」

隱藏在糧食價格危機背後的通貨膨脹、貧困、失業和缺乏基本的社會保障等問題，實際上更加要命。糧食價格飛漲，無疑也是全球通膨的產物。在通貨膨脹過程中，任何一個國家的底層民眾遭受的損失相對更大，通膨不僅帶來貨幣貶值、工資縮水、物價飛漲，而且會使微觀經濟惡化，工廠倒閉、工人失業等等。因此，政府應該放棄對糧食價格的干預行為，轉而提升窮人的購買力，讓最底層的人買得起糧食。

為了證明價格控制的弊端，經濟學家舉例說，一九七一年，美國總統尼克森對工資和物價實行九十天的凍結，以控制在當時被認為無法容忍的超過百分之四的通貨膨脹率。結果，這九十天的凍結變成了近一千天的凍結，到價格控制基本上被解除的一九七四年四月，美國的通貨膨脹率已經超過百分之十。

國際貨幣基金組織說，應對高價格的關鍵在於，政府應該採取將現金投放給目標人群、實施營養計畫的措施，要特別小心不要使這種措施成為全民補貼，或是成為不可預知的貿易政策。

國際貨幣基金組織首席經濟學家西蒙．詹森說：「總而言之，我們不喜歡價格控制。」

因此，在緩解糧食危機時，控制價格是一種不可取的作法。政府限制糧食價格的行為將打擊農民的生產積極性，進一步縮減糧食供應。長期而言，提高糧食產量和對貧困家庭補貼才是更好的解決方案。同樣，作為中國來講，在採取措施抑制日益高漲的糧價時，應該積極吸取其他國家的教訓，切勿單一地控制價格，而要在適當地調控價格的同時，主要對低收入者進行補貼，這樣才不會惡化中國的通貨膨脹狀況。

八、發展生產，增加供給

糧食危機爆發後，引起各個國家的廣泛關注和高度重視。二〇〇八年四月九日，在中國糧油商務網主辦的「第五屆國際油脂油料市場高級研討會」上，與會專家就是否存在糧食危機問題進行激烈的辯論，結果存在兩種不同的觀點。儘管觀點不同，但專家卻一致認為，不論是否存在糧食危機，中國都應該發展農業生產，提高糧食的自給率，以保障糧食安全。

面對世界範圍內劇烈的糧食價格波動，國務院發展研究中心農村經濟研究室研究員謝揚認為，糧食危機必然引發糧食價格上漲，但是糧食價格上漲不一定就是糧食危機，二者不能等同視之。謝揚表示，糧食供應危機在全球範圍內不存在，不排除個別國家和地區產生短時間的短缺，但是由於國際貿易和聯合國救援機制的存在，這種危機可以消除，不過「受援助國要多花些錢」。

全球面臨糧食短缺的問題非常嚴重，在國際市場的影響下，中國是否也存在糧食供應短缺的局面呢？針對此問題謝揚發表了自己的意見，他認為糧食供應危機對中國而言更不存在，中國的糧食庫存遠超國際水平線，而且中國的糧食價格比國際糧價平均低一半。為了證明自己的觀點，謝揚舉例說，在全球糧食價格上漲的過程中，中國國內的部分地區卻出現水稻和玉米的「賣糧難」情況，除大豆外，二〇〇七年中國還淨出口糧食八百三十一萬噸。

因此，謝揚認為，在「綠色革命」的背景下，依靠一般技術進步，使農產品價格處於相對較低水準的時代一去不復返了。農業不僅是食品產業，也是環境產業。在土地資源和水資源有限的情況下，發揮生物技術替代和升級作用，必須依靠農產品高價的支撐，保護環境，提高人類的生存成本是不可避免的選擇，而如何分攤窮人和富人的成本則是需要解決的全球性的社會問題。

與謝揚觀點相反的是，商務部綜合司李世光認為，全球糧食供應緊張將是長期趨勢，世界糧食貿易總體上呈下降趨勢，世界糧食價格波動明顯加強，周期性上漲趨勢明顯。他認為，全球糧食供應緊張和需求旺盛造成糧食價格上漲。

李世光說，全球氣候變暖已經對糧食生產帶來了不利的影響，根據世界銀行測算，全球氣溫每上升一度，糧食生產將減少百分之一～百分之一．七，二〇〇七年糧食減產一個重要的原因就是災害天氣影響糧食生產。全球糧食單產增速下降很快，世界糧食增產百分之八十依靠單產的增長來維持，但是隨著科技進步到一定程度，世界糧食單產增速持續下降，世界糧食單產增長已經由上世紀六〇年代的年均百分之二．七下降到現在的百分之〇．八。此外，世界的城鎮化進程加快也影響糧食生產。目前全球的城鎮化進程加速發展，全球城鎮化的比例由一九八〇年的百分之三十九增長到二〇〇四年的百分之四十九，城鎮化進程的加快導致從事農業生產人口的比例逐年下降。

糧食供應緊張，而世界糧食需求量卻在持續增長，這樣就造成供需失衡的局面。據人口學家預測，到二〇一五年全球人口可能達到七十二億，養活新增加的人口需增加糧食供給二十三．九億噸，增加耕地面積十五．七億畝。而目前人類的膳食結構正在逐步改善，人均消費肉類、乳製品在逐年增長，這導致飼料糧需求逐年上漲。此外，生物能源的大規模開發應用，增加了世界糧食的工業需求。據聯合國測算，當原油價格超過六十～七十美元／桶時，生產生物能源將有利可圖。目前國際原油價格已經超過一百美元，這對利用糧食生產生物能源具有非常高的吸引力。

世界糧食庫存安全線公認為佔產量的百分之十七～百分之十八。世界糧食庫存已經多年達不到百分之十八了，經常在百分之十六．五～百分之十七之間徘徊。如果以此作為危機的臨界值，那本世紀以來世界已經很多年處於危機之中了。

李世光認為，應該客觀看待當前糧食價格上漲，現在大米、玉米、小麥名義價格與一九九五年相同，實際價格比一九九五年要低百分之二十五。世界糧食價格上漲的根本原因在於世界糧食供求偏緊，糧食需求彈性小。全球糧食生產成本大幅上升也在拉動價格，二〇〇七年全球糧食生產成本比二〇〇一年高出百分之十九．九，糧食生產成本拉動了糧食價格的上漲。

雖然李世光和謝揚的觀點截然不同，但他們和中國社會科學院研究員李成貴都認為，中國雖然不存在糧食危機，但在糧食安全方面不應忽視，增加中國的糧食產量，提高糧食自給率是保障糧食安全的唯一通道。

專家提醒人們，應該充分認識糧食問題的重要和緊迫性。在糧食需求方面，中國糧食佔世界糧食需求總量百分之十八．五，糧食缺口不斷擴大，過去十年中國糧食缺口佔總需求的百分之〇．九，比世界同期高了百分之〇．七。預計二〇三〇年中國人口將達到十五億人口，即使保持現有的人均需求不變，糧食產量需要每年增長百分之〇．五～百分之〇．七才能養活這些人口。中國糧食播種面積正在呈下降趨勢，年均下降百分之〇．六五，耕地面積年均下降百分之〇．七。糧食單產的增長由九〇年代的百分之二．一，下降到現在的百分之一．一。在世界糧食供應趨緊，世界糧食貿易下降的形勢下，中國的糧食安全立足點更應該落在本國國內，緊緊抓住發展的主動權，不要讓美國在糧食問題上掌了舵。

不讓美國成為世界糧食市場的掌舵人，中國就要大力發展農業，增加糧食產量，在保障國內糧食供應的同時，也要把中國發展成為世界第一糧食出口大國。中國有眾多的勤勞農民和水利化程度非常高的農田，加上農業技術進步等因素，只要國內糧食價格主動和國際糧食價格接軌，提高種糧比較效益，中國的糧食就可以大幅增產。更重要的是，糧食價格逐步和國際接軌，促進糧食增產可以大幅增加農民收入，農民收入的大幅增加，是中國由外向依附性經濟轉變為內需拉動型經濟的前提條件。總之，無論在何時，中國都要發展生產，增加糧食產量。

九、積極拓展海外農場

受韓國和日本在海外開拓農場的啟發，中國打造「海外農場」的熱情也迅速升溫。二〇〇八年四月，農業部相關人士表示，國內企業赴海外開發戰略性、短缺性農業資源，將彌補國內資源與需求的矛盾。繼投資委內瑞拉的油田和澳洲的鎢礦之後，南美洲和俄羅斯的農場也有可能成為中國企業新的投資熱土。

在人多地少、土地資源相對稀缺的背景下，到海外租地種糧，在世界範圍內尋找適合的土地、水等農業資源，正成為解決中國糧食問題的又一新路徑。

據悉，新疆的一家上市公司——新天國際經濟技術合作（集團）有限公司一九九六年在古巴投資五萬美元，播種一百五十公頃水稻。由於運用了良種、先進的栽培技術，每公頃水稻單產高達四・八噸，比古巴國內經營最好的農場平均單產高出兩噸多，創古巴歷史單產最高紀錄。隨後，新天集團一九九八年在墨西哥購置一千零五十公頃土地，累計投資三百二十萬美元，收穫水稻四季，平均單產每公頃五噸，較墨西哥當地農戶平均每公頃三・五噸的單產高出近百分之四十二，產生了很大的社會影響。

新天集團外經公司董事長劉志勇說，古巴水稻試驗農場項目和墨西哥現代化農業綜合開發項目是選準突破口，借地探寶的很好嘗試，給企業帶來豐厚的經濟效益，使中國農業發展在海外產生了巨大的影響。

新天集團紀委書記張洗塵認為，扶持農業企業走出去「租地種糧」甚至「買地種糧」，是加強中國糧食安全的有效途徑。

早在二〇〇四年三月，重慶市政府就與老撾簽訂了「中國重慶（老撾）農業綜合園區項目」合作協議。農業園區規劃面積五千公頃，總投資四百九十八萬美元，包括種植業、水產業、加工業等七個具體項目，由政府提供稅收、資金等方面的優惠政策，鼓勵吸引企業進入園區。項目建成後，園區年銷售收入達到七百七十一萬美元，年平均利潤六十五．五萬美元，年繳利潤稅十八．二萬美元。

北京大學中國經濟研究中心主任林毅夫教授認為，中國的勞動力、技術等資源豐富，土地、水等資源短缺。在這種情況下，去海外開拓資源，有利於發展中國的農業，增加企業的收入。例如，中國人均耕地〇．〇九五公頃，而老撾人均佔有土地在兩平方公里以上，地廣人稀，大片耕地閒置。由於熱帶氣候特徵，那裏的大米等農產品品質較高，但農業的不發達使得老撾農產品大量依賴進口，市場消費空間很大。在重慶老撾農業園區，按每畝生產雜交水稻種子兩百公斤計算，一千公頃可以生產優良種子三千噸，農業園區可推廣種植三百萬畝左右，將達到老撾單季水稻種植面積的一半。生產出來的水稻除在老撾銷售外，還可以滿足國內對優質大米的需求，並且還可以出口到越南、緬甸和泰國等國際市場。由此可以看出，通過輸出勞動力和技術資源，與水、土地資源豐富的國家合作，最終就能形成雙贏局面。

為了進一步鼓勵企業去海外開拓農場，在二〇〇八年四月舉行的「第二屆中國企業跨國投資研討會」上，農業部官員透露，政府部門目前正在探討相關的鼓勵政策，從而使原本仍具試探色彩的農業「走出去」的戰略意義日益凸顯。特別是在全球糧價高漲的今天，去海外開拓農場更具有積極的意義。

中國海外「租地種糧」的熱情緣於國際糧價的突飛猛進。據統計，二〇〇八年的前三個月，國際糧價高漲百分之六十，大幅度的增長率讓很多國家告別低糧價時代。中國雖然未受到國際糧價高漲的影響，但隨著各界釋放糧價長期上漲預期，中國遏制農產品價格飆升、避免經濟陷入物價輪番上漲的壓力也在逐漸增大。

「全球性的糧食危機向中國政府發出警戒，要不斷加強糧食儲備，提高糧食產量，重視農業生產。」張洗塵說，「以新天集團的中古合資水稻農場項目為例，該項目是古巴最大的農業合資企業，完成土地開發五千公頃，解決了古巴糧食短缺的問題，因此受到當地政府的歡迎。」事實上，開發南美、澳洲、俄羅斯等國家和地區優厚的水土資源在降低中國企業生產成本的同時，也促進中國農業經濟進入全球農業大循環，糧食產品返銷國內將成為國內市場的有益補充。

上海證券研發中心的胡月曉認為，中國人多地少，農業生產潛力有限，糧食生產也一直處於小型化生產模式。中國的中小規模農墾開發模式也更適合大多數發展國家。作為一個擁有可靠農業生產技術和大量勞動力的國家，通過海外農業開發，為缺糧國家增加糧食生產甚至增加到可出口，是雙方共贏甚至是造福全人類的舉動。

而與胡月曉、張洗塵等人持相反意見的南京農業大學農業經濟研究所所長鍾甫寧教授認為，從經濟角度看，去海外開拓農場沒有任何經濟效益可言。

他說：「眾所周知，國內糧價要比國際糧價低。假設企業在海外租地種糧，生產出的糧食再進口回國，整個生產流程要比國內直接種糧供應本地市場多出許多環節，生產成本自然也會高出不少，因此，這些糧食必然要以國際糧價出售，企業才能獲利生存。如果政府從穩定糧價角度考慮，希望這些糧食進口回國後仍以國內糧價出售，則政府勢必要給予企業一定的補貼，補貼額度是國際糧價與國內糧價之間的差價。

「這種做法相當於是間接進口，如果計算成本的話，是不可行的。」上海財經大學現代金融研究中心副教授談儒勇認為：「如果政府有財力給予這樣的補貼，那還不如直接進口給補貼，這樣來得更方便些。然而，如果從戰略儲備的角度來考慮，不計成本的話，將這一方案作為國內糧食供應體系的一個補充，是可行的。」鍾甫寧也表示，如果參與這一方案的，是由政府控制的經濟實體，那麼該方案確實可以起到數量上的安全保證作用。

鍾甫寧說「這就像我們到國外去買油田和礦產一樣，如果真的相關資源出現短缺，受政府控制的經濟實體會定向出售給國內市場，這就可以保障國內的供應。不過，這種定向買賣的做法，違背了WTO自由貿易的精神。就像個體利益有時會與集體利益發生矛盾一樣，在這種情況下，民族國家利益與整體利益也發生了矛盾。大家都首先選擇保全國家利益，這種違規的做法其他國家也都在做，如果我們不做就會吃虧。而且，如果真的這樣做，也會付出一些額外代價。例如，這有可能被指責為壟斷行為，是對公平、自由貿易的一種扭曲等。」

鍾甫寧教授指出，在全球糧荒愈演愈烈之際，考慮國內糧食安全是題中應有之義。但海外租地種糧卻並不能解決根本問題。根本問題在於，供不應求的價格上漲資訊不能順暢地傳遞給生產者。

他分析指出，任何穩定價格的措施都是雙刃劍。如果出現暫時的供應短缺，政府通過釋放庫存糧食來平抑糧價，確實可以緩和當前的矛盾，但同時也使供應不足的價格資訊不能及時傳遞給生產者，從而造成供應長期不足，積累到一定程度就會出現價格暴漲。

例如，中國二〇〇二、二〇〇三年的糧價上漲就是這一原因。一九九三年至一九九五年，國內糧食價格一直保持穩定，但到一九九六年時暴跌。於是，一九九八年以後農民開始大量減產。為了穩定糧價的需要，政府不斷釋放糧食庫存。這樣做雖然穩住價格，但價格的信號作用卻失靈了，糧食進一步減產，而糧食庫存也在同時下降。於是到了二〇〇二、二〇〇三年，原先壓抑著的供需矛盾就集中爆發，出現糧價大漲。所以在某種程度上可以說，今天世界糧價暴漲，正是為過去幾年的價格失靈付出代價。

雖然去海外開拓市場有一定的弊端，但整體比較起來，利還是大於弊。重慶市農業局經管處處長洪國偉說：「通過全球資源合理配置解決中國糧食安全問題的好處很多：一是國內農業資源，尤其是土地資源匱乏，而老撾、古巴等國擁有豐富的水、土、光、熱資源，農業生產技術水準落後，土地大量閒置，農產品依賴進口。因此，中國完全可以以己之長，尋求全球化的農業合作；二是可以解決國內富餘勞動力問題。例如重慶老撾農業園區可以輸出約一萬名勞動力，解決三峽庫區農村富餘勞動力需要轉移的矛盾；三是農業開發風險相對較小，產出穩定，農業走出去能夠帶回很大的利潤。」

對於中國企業海外租地種糧的作法，農業部農業貿易促進中心副主任謝國立說：「中國農業目前已經具備『走出去』的技術優勢，未來國家也將加大協調雙邊政策的力度。」

十、拯救大豆迫在眉睫

二〇〇七年，國際市場大豆價格暴漲，國內食用油漲價和飼料成本提升引發肉價上漲。而消費結構決定，越是低收入群體，對此越敏感。中國的油價漲幅速度之快令人瞠目結舌。而在這漲價的背後，暗示著中國的大豆市場已經處於癱瘓的狀態。

中國加入WTO後，跨國公司就大舉進入中國大豆加工業，使中國大豆總加工能力嚴重過剩。據統計，在二〇〇六年四月底，全國仍在開工的九十七家成規模的大豆加工企業中，外商獨資或參股的企業年加工能力已佔全國大豆總壓榨能力一半以上。

「洋大豆」的進入，威脅著中國的大豆市場，也對國內的大豆加工企業帶來壓力，使一些大豆企業面臨破產的處境。

進入中國市場最快的是美國的ADM、新加坡的Wilmar，還有嘉吉、邦基、來寶等大公司。如ADM收購了華農集團湛江油脂廠；邦基收購了山東日照油脂廠、菏澤油脂廠等企業；嘉吉收購了華農集團。

跨國公司帶著「洋大豆」大舉進入，已基本控制了中國大豆加工業，使中國原本充滿生機的大豆加工企業在兩年間節節敗退，大多處於休克和破產狀態。這樣下去，不僅危及中國幾千萬豆農的生存和大豆產業的發展，還將危及國家的糧食安全。

作為最古老的大豆原產地國家之一，一九九五年前，中國還是大豆淨出口國。二〇〇〇年，中國大豆進口量首次突破一百萬噸，成為世界上最大的大豆進口國。據統計，二〇〇四年，中國進口大豆兩千零二十三萬噸，是當年國產大豆的一・二七倍；二〇〇五年進口兩千六百五十多萬噸，是當年國產大豆的一・六倍，約佔全球大豆貿易量的三分之一。到二〇〇六年，中國大豆淨進口兩千八百萬噸，是國內產量的一・七七倍，進口依存度高達百分之六十四。二〇〇七年中國淨進口更是超過三千萬噸。

巨大的進口量，使大豆的成本提高，從而也推動了中國食用油的價格。黑龍江九三油脂有限責任公司總經理田仁禮無奈地說：「中國是目前世界最大的大豆買家，現在大豆又是買方市場，可我們卻拿不到定價權。這些跨國公司已基本控制中國大豆加工企業，他們實際上已剝奪中國企業的話語權，拿到國內大豆加工企業的大豆進口權和定價權，使進口大豆得以大舉進入。」

「現在中國大豆產業的外來投資者大都是跨國糧商，他們投資中國大豆加工業是以銷售『洋大豆』為前提的。」田仁禮說，這些跨國糧商在中國大豆加工業或獨資或參股經營，參股但一般不要求控股，如ADM收購華農集團湛江油脂廠百分之三十的股份，卻取得其百分之七十的原料採購權。這說明跨國糧商並不想利用中國大豆加工企業來賺錢，更不想冒大豆加工業的風險，只是想通過參股來獲得進口大豆的話語權，把中國大豆加工業作為變現國際貿易利潤的一個環節。在這種情況下，中國大豆企業不可能因為與跨國公司的合資合作而坐大坐強。

田仁禮認為，這些跨國糧商與其說是來投資，不如說是來搶佔中國大豆消費市場，消滅競爭對手，進而壟斷中國大豆市場。這個問題現在看一家跨國公司並不明顯，如果把幾家跨國公司放在一起，我們就會感到問題極為嚴重。在全球經濟一體化的今天，我們不能只看一家跨國公司佔有多少市場份額，更要看我們手中還剩多少份額。現在中國企業還保留著一些股份，但這只是一種表象，並沒有多大意義，這種狀況與當年美國壟斷印度胡椒業的過程極為相似。

由此可見，跨國糧商搶佔中國大豆消費市場的目的已經很明確，作為中國政府應充分發揮積極作用，及時調控和拯救中國大豆市場迫在眉睫。中國政府應充分認識到，豆子雖小，事關重大。

在外國糧商的壟斷下，二〇〇八年一～二月的國內消費價格指數（CPI）持續攀升，權重佔百分之三十的食品價格成為誘因，其中肉禽與油脂價格百分之三十～百分之四十的漲幅顯得格外觸目。這背後，小小大豆可謂「功不可沒」。

二〇〇八年一季度，大豆價格出現較大的幅動。大連商品交易市場大豆期貨合約一度連續漲停，高至每噸五千五百元；繼而連續跌停，下探至每噸四千五百元。行情近乎瘋狂。期貨價格左右了現貨市場。在東北大豆產區，一些豆農迫不得已買來電腦，參照期貨行情來決定今年的大豆種植計畫。然而，這種暴漲暴跌的走勢卻讓他們撲朔迷離。

大豆價格劇烈變化，人們也許會認為是供求關係失衡的結果，其實並非如此。在這漲幅背後隱藏著市場投機炒作的行為。

多年來，一直跟蹤大豆走勢的夏友富教授比較近兩年世界大豆生產和需求的詳細資料，結果發現，二〇〇七年世界大豆是「供大於求，基本平衡」；而二〇〇八年，就算考慮到各種不利因素，大豆實際供需狀況仍然是「供給略欠，但絕不至於失衡」。

既然供給和需求並無太大的缺口，大豆的價格為何會高漲不下呢。夏友富說：「仔細研究會發現，這完全是投機市場炒作的結果，與大豆實際生產和需求幾乎沒有關係。」他認為，期貨市場的投機需求完全偏離實際需求，而這種「最不穩定的需求」，卻是「最容易被操縱的需求」。

許多因素構成炒作大豆的「題材」。在國內，二〇〇六年以來大豆種植面積有所減少，去年旱災又影響收成。而對於中國這個「大豆進口依賴國」，關鍵原因還是在國外。

去年，在美國政府大力發展生物能源這個最佳「噱頭」支持下，國際大宗糧食商品市場的行情波瀾壯闊。其中，玉米對大豆的「替代作用」效果明顯——大量的玉米將被用於製造乙醇汽油，玉米價格暴漲；而玉米種植面積相應加大，壓縮了大豆種植面積，大豆產量減少，價格同樣暴漲！

與實際供求不同，投機市場的規律是「預期改變一切」。但要命的是，投機市場的價格反過來，已完全控制現貨價格。

「看準中國糧食安全的軟肋就在大豆上，趁你有災情又減產，用期貨槓桿把價格拉上去，衝擊你的國內物價，製造宏觀經濟難題，甚至影響社會穩定。這其實是一場『新型的國際戰略性商戰』」，夏友富稱，「雖然中國政府高度關注物價，但更重要的是，必須要看懂國際投機者的動機。」

中國大豆嚴重的「對外依賴症」勢必會對中國的經濟造成影響。南方基金資深分析師萬曉西認為，由於缺乏定價權和供應鏈受控，豆價波動已嚴重威脅中國豆農和壓榨企業。而且，大豆產業與畜牧業、養殖業及其他農產品價格關聯密切，一旦失控，將對中國物價、匯率等宏觀經濟層面造成不可忽視的影響。

在這場「新型的國際戰略性商戰」中，獲利者為四大跨國糧商，ADM（Archer Daniels Midland）、邦吉（Bunge）、嘉吉（Cargill）和路易達孚（Louis Dreyfus）。有資料顯示，二〇〇七年，四大糧商毫無懸念地成為糧價上漲中的大贏家。二〇〇七年五～十一月，嘉吉淨收益同比增長了百分之六十一。邦吉在前九個月的淨收入增長高達百分之一百零七。

由此可見，跨國公司入駐中國市場，目的是為了掌控中國的龐大市場，從中獲得巨額利益。而受傷害的卻是中國企業和中國消費者。夏友富教授說：「因為豆價上漲，中國二〇〇七年進口大豆和豆油恐怕損失了幾十億美元，只要拿出一少部分支持豆農和本土企業，情況就會改觀。」

扭轉中國大豆市場的局面迫在眉睫。田仁禮表示，保護大豆產業關鍵是保護豆農生產的積極性，現在中國農民分散經營，資訊不對稱，很容易被國際期貨市場的波動控制。應該設立最低收購價，並及時公布國內進口大豆的數額資訊，讓市場盡量透明，就不容易被別人操縱。

不過，夏友富教授最擔心的是「利益集團遊說能力」。那些跨國糧商和糧食出口大國資本雄厚，影響力巨大，他們總能製造有利於他們的輿論。在這種情況下，中國政府應採取合理的措施，制止跨國糧商的行為，從而保護國內的大豆市場，維護中國人的利益。

針對中國目前的大豆市場現象，國家糧油權威部門一位資深人士說，有關部門近期對大豆問題「非常重視」，並已建立一套完整的市場價格檢測體系，把大豆、豆油市場的存貨、價格變動、進出口情況，及時回報給決策部門。相信在中國政府的干預下，國內的大豆市場又會呈現一片生機勃勃的景象。

十一、消除影響農民積極性的因素

當全球遭遇糧食危機，糧食短缺令許多國家頭痛時，中國卻在糧食供給和價格方面風平浪靜，總理溫家寶底氣十足地說：「手中有糧，心中不慌。」

糧食能否保持供需平衡，在很大程度上取決於農民的種糧積極性。而在目前，中國雖然在糧食供給方面缺口不大，但隨著人口數量增加、耕地面積減少和自然災害的襲擊，中國的糧食安全前景也不容樂觀。

並且，當前糧食生產在中國農民心目中正出現越來越不重要的態度趨向，糧食生產在農業中也有越來越邊緣化的趨勢。究其原因，主要是農民的積極性受到影響。

河北大學中國鄉村建設研究中心研究員李昌平認為，要提高農民的積極性，就要從根本上消除影響農民積極性的因素。

在中國，影響農民種糧積極性的因素主要有以下幾個方面：

首先，種糧與種經濟作物相比，效益差距仍然較大。

據調查資料顯示，在中國，糧食與棉花效益比為一比五，與蔬菜效益比為一比四，在條件許可的情況下，農民一般都選擇種植經濟作物，而放棄單純的生產糧食。

其次，糧農所需資金和組織資源匱乏，而生產物資漲價始終快於糧食漲價。

只種糧食，而不分享糧食產業鏈條中各個環節的收益，農民是很難持續生產糧食的。要想讓農民分享糧食產業各個環節的收益，不僅需要巨大的資金投入，還需要農民為主體的經濟組織。但現實卻是，農村正規金融服務逐年萎縮，農民互助合作發展非正規金融幾乎沒有空間；政府大力扶持私人企業壟斷糧食產業鏈條的各個環節，將農民排斥在糧食產業鏈條的各個環節之外。據統計，二〇〇四年以前，稻穀價格和大米價格基本上控制在一比一・八以內，並且農村農民加工的稻米在中小城市和城鎮佔有絕對市場份額。現在，稻穀價格和大米價格為一比二・三以上，大中城市、甚至小城鎮大米市場份額基本上被超大企業佔有。這意味著稻農在大米產業中分享收益的比例在急劇下降。

農民在種糧的過程中收益在降低，與之相反，生產物資卻始終在漲價。進入上世紀九〇年代以來，糧食價格總體上漲了四倍，但生產物資價格上漲了十倍以上。九〇年代中期一度出現種糧虧本的局面，引發糧農大量撂荒，並導致糧食產量由一九九八年的五・一三億噸下降到二〇〇三年的四・三億噸。二〇〇二以來的各年，糧食價格上漲與生產物資價格上漲也基本同步，並帶來了連續四年的糧食增長。去冬今春以來，生產物資價格上漲幅度大大高於糧食價格上漲的幅度，這會再次引發糧農撂荒或改種非糧食作物。如果不果斷扭轉這個趨勢，勢必造成糧食產量再次進入下降軌道。

第三，農村勞動力價格快速上漲，糧食保護價難起到保護農民的作用。

近年來，農村勞動力的價格呈上漲趨勢，據統計，二〇〇四年，中西部地區農村的工價不超過二十元／天，而二〇〇八年則達到了六十元／天。由於農村短工（壯勞力）價格高於城市，很多種植雙季稻的地區，不得不改為單季稻，或選擇不用壯勞力即可種植（養殖）的農業項目，從而被迫放棄糧食生產。農村已出現主要勞動力成為副業、次要勞動力變成主業和主業副業化現象。糧食生產在農民心目中有越來越不重要的態度趨向，糧食生產在農業中有越來越邊緣化的趨勢。

而且與國際糧價相比，中國的糧食價格呈現偏低的趨勢。雖然最近國際市場大米價格已經上漲了百分之兩百，生產物資價格上漲了百分之三十多，但國家今年出臺的糧食保護價只比去年上漲了百分之九～百分之十。更大的問題還在於，保護價政策實際並不保護農民。

政府每年都會在春耕時節拋售庫存的糧食，控制市場上的糧價回落（儘管國際糧價在大幅上漲）；與此同時，政府會推出比上年稍為高的保護價，以調動農民生產糧食積極性。當千家萬戶的小農圍繞政府的「魔棒」生產出糧食後，由於政府事先規定「保護價」，致使市場上的非國營收購主體也會心照不宣地圍繞保護價格收購農民手中的糧食，即使國際市場上的同期糧食價格在大幅上漲，也對國內糧食收購價格不構成太大的影響。

一般情況下，政府和糧商將農民手中的糧食基本收購完畢後，糧食及其加工品會漲價一段時間，直至下年的春耕前政府拋售糧食，並出臺新一年的保護價。在這樣一個循環過程中，分散的小農是很難享受糧食漲價的好處。

第四，土地承包三十年不變的制度，實際制約了土地流轉和種糧能手積極性的發揮。在中國，隨著《承包法》三十年不變的規定生效，不是更便利承包地整合和流轉，而是更難了。假如某農民要出去打工，想將自家分散在不同地方的九塊地全部轉包出去，這幾乎是無法操作到位的。所以，只能選擇「離鄉不離農」——打工和種地兼顧。有種地經驗的農民，雖然規模種植的願望強烈，但很難接收到成片流轉的土地。這種狀況嚴重制約了土地生產潛力和農民生產積極性的發掘。

第五，政府壟斷土地非農用權利，不利於調動農民保護土地和造地的積極性。土地的自然供給是固定的，但農民可以通過土地整治和地力培養而增加土地經濟供給。中國一九四九～一九八一年，糧食產量由一．一三億噸增長到三．〇四億噸，一直是糧食淨出口國，主要靠農民增加土地經濟供給實現。

中國改善土地經濟供給的潛力還很大。例如，中國村莊佔地三～四億畝，如果農民整理村莊節約出的非農地可以直接在市場上交易，至少可以啟動兩億畝存量土地；此外，中國的荒地、沙地、鹽鹼地、灘塗地面積還很大，只要政府放棄依靠權力獲得獨佔地租的做法，中國不僅可以守住十八億畝耕地，而且還可以增加耕地和儲備數以千萬計的非農用地。如果政府不想方設法調動農民增加土地經濟供給的積極性，中國的十八億畝紅線是守不住的，死守可能還會嚴重制約經濟社會的總體發展。

在找出影響中國農民種糧積極性的因素以後，如何消除這些因素尤為關鍵。有專家指出，消除不利於農民積極性的因素，可從提高糧食保護價、提高國內市場糧價、加大對農業基礎設施和服務體系支援的力度、完善土地制度等方面著手。

據統計，二〇〇八年，政府實行的糧食保護價僅比二〇〇七年上漲百分之九～百分之十，與之相反，生產物資和勞動力價格上漲幅度都超過百分之三十，這樣的保護價不僅不能調動農民生產糧食的積極性，相反是一個打擊。因此，政府必須加快重新調整保護價，最低標準是保證種糧比較效益不下降，以激勵農民在下個生產季節擴大糧食生產面積和復種指數。

並且在近期，國際大米價比國內大米價高四倍，之所以會有如此大的差距，是因為中國政府為了穩定國內市場的米價，保護消費者而進行宏觀調控的結果。從短期上看，這有利於改善 CPI 狀況，對當下經濟基本面的改善有利；但長期看，這種違背經濟規律的做法必然會產生不良後果，會導致農民糧食生產的積極性受挫、糧食產量的回落。對此作法，經濟學家認為可能會引發下一輪更為嚴重的通貨膨脹。

此外，加大財政對農業基礎設施和服務體系支持的力度也刻不容緩。雖然最近幾年國家對三農投入的幅度有所加強，但還沒有趕上中國財政收入增長的幅度。加上三農投入的基礎低，按照比例增加對三農投入，還遠遠不夠。經濟學家認為，應該有超常規的做法，例如，至少要在今年五千億噸左右的水準上，明年增加到一萬億噸以上，此後再以一萬億噸為基數和財政收入同比例增長。財政對三農支出的增長，要特別注重商品糧基地建設。

完善土地制度，調動農民保護土地和造地積極性也不可忽略。一方面，政府要放棄土地市場的壟斷權，准許農民造地和村莊整合節約的土地直接進入土地市場；廢除現在的徵地制度，准許農民集體所有的土地依法「農轉非」（政府無償獲得百分之五十，用於公益事業）、並保持土地所有者身分，讓農民獲得土地「財產性收益」。另一方面，政府要建立土地銀行，准許農民用土地所有權在土地銀行抵押貸款，農民集體和合作組織以所有權抵押獲得的貸款作為本金，建立土地信用合作社，准許農民家庭用土地承包權在土地信用合作社抵押貸款。這樣既可以增加土地經濟，增加糧食產量和農民收入；又可以解決制約農村發展的資金瓶頸，促進經濟發展；還可以增強農民的組織功能，保護農民權益。

總之，消除不利因素，充分調動農民的積極性，增加農民的收益才能使中國的糧食產量增加。

中國近二十年糧食生產的經驗表明，農民種糧比較效益每提高百分之十，糧食產量大約會增長百分之三。假如糧食價格提高一倍，即使生產物資價格同步上漲一倍，中國的糧食產量也會在三年後增長百分之三十，達到六・五億噸。屆時中國將成為世界第一糧食出口大國，在全球性糧荒時代，龐大的糧食出口能力，對任何一個國家都具有非凡戰略意義。

十二、完善糧食流通體制

二〇〇八年，有關糧食危機警示可謂風聲鶴唳。四月十四日，聯合國秘書長潘基文稱，世界糧食供應危機已達警戒水準。糧食短缺問題向世界各國敲響警鐘。

中國雖然連續四年實現糧食豐收，但作為世界第一人口大國、第一糧食消費國，同時，受人均耕地少、農業生產效率低等局限，中國糧食安全也不樂觀。

如何提高糧食安全是中國目前的一大現實問題。多數專家認為，提高農民種糧的積極性是提高糧食安全的重要措施之一。然而，中國農民由於種糧收益低，積極性也因此大大降低。二〇〇八年四月十五日，《人民日報》刊登農業部調研組的調查情況，結果顯示：這次農產品漲價主要來自成本推動和產後各環節加價；在農產品產銷鏈條中，農民投入多、耗時長、風險大，但獲得的利潤相對較少。

一方面是投入成本增大，並承擔著較大風險，另一方面是獲得的利潤低，農民作為一個經濟人，他們也有追求自身最大利益的本能，當投入與產出不對稱時，出於風險厭惡和機會成本高的原因，農民就會減少農業投入，甚至放棄種糧，轉而到城市打工，獲取高於種糧的收益。這種狀況如果持續下去，勢必會構成中國的糧食安全隱患。

從二〇〇七年年初開始，糧食及相關農副產品出現大幅漲價現象，但相關利潤並未落到農民手中，而是被流通環節所截留。相關調查顯示，中國糧食物流企業流通成本高於國外同行至少百分之十以上。

之所以導致這種局面，主要是中國農業屬於包產到戶的傳統經營模式，農民是非常鬆散的，在很多地方也沒有農業協會這樣的組織，在糧食價格方面沒有話語權，定價權基本上掌握在中間商手中。因為這些中間商可以收購、囤積大量糧食，在某種程度上形成價格操縱。而且，農民資訊閉塞，無法及時得到市場糧價波動的真實資訊，這加大了中間商操縱價格的成功率。長此以往，必然使農民種糧積極性受到打擊。

而且，中國過去實行的糧食直接補貼，主要集中在流通環節，這進一步強化中間環節的利潤，使得越來越多人進入流通環節，進一步加大了流通成本。後來中央認識到這一弊端，於二〇〇五年把針對流通環節的糧食間接補貼改為對種糧農民的直接補貼。但是，糧食補貼的數額仍需進一步提高。在西方國家，農場主的收入構成中，超過一半的收入來源於政府的補貼，中國受財力限制無法達到這一標準，但至少應該提高到足以抵消農用生產物資漲價的程度。

由此可以看出，目前最大的一個問題在於，如何減小流通成本，把相關利潤留在農民手中。有關專家認為，要解決這一問題，可以從幾個方面著手：第一，對糧食及相關農副產品設定最低價格，低於這個價格，農民可以賣給國家；高於這個價格，農民可以拿到市場上去賣。這樣，農民的風險被降到最小而收益也得到保障。目前，世界上凡是農業發達的國家，基本上都有這種制度保障。第二，可幫助農民組織成立相關協會，通過協會強化定價權，掌握更多的資訊獲取管道。這樣，能夠擺脫單一農民對流通環節中的強勢商人的弊端，使農民因話語權的確立而獲得談判主動權，維護自己的利益。

第三，打擊那些利用虛假資訊欺騙農民，力壓糧食及農副產品收購價，囤積居奇牟取暴利的不法商販，在靠近農村地區建立糧食貿易點，由工商等部門嚴格管理，解決中間商操縱交易的問題，使農產品交易更加公平與公正。第四，應通過對農用生產物資的生產廠家減稅的方式，壓低農用生產物資價格，降低農民的種糧成本。並建立農業保險制度，通過政府補貼的方式，運用商業化的保險網路，分擔農民的風險。一旦這些措施落實到位，農民的種糧積極性就會大大提高。

中國糧食在流通中，運輸環節也存在缺陷。二〇〇八年五月一日至三十一日，鐵道部在一個月時間內，突擊搶運了東北糧食六百二十萬噸。這其中就包括糧商老翟的糧食。

老翟的糧食是五月七日下午，從吉林省公主嶺市范家屯火車站運走的。范家屯處於商品糧基地核心區域，有二十多個大大小小的糧食收儲民企（老百姓稱糧販）。

那天，貨運月臺上，平均一千多袋玉米壘成一個四方塊，火車站的運輸隊，正把一袋袋糧食搬上傳送帶。

隔著兩條鐵軌，老翟蹲在候車廳的玻璃窗後，望著即將裝滿的車皮。

老翟說，這是他倒騰糧食快十年的光景裏，最愜意的時刻，「以前請車（申請車皮）難啊，有些年頭一個季度都請不到車。」

不過，下次糧價漲時，糧食還能不能運得出去，是老翟他們又開始擔心的。

雖然有了運糧補貼，但效果並不明顯。隨後，鐵道部啟動了搶運糧食行動。鐵道部搶運東北一千萬噸糧食計畫啟動一周後，五月八日，公主嶺市范家屯火車站貨運運輸科科長彭佔寬說，一周內該站運糧近兩萬噸。而以前該站是月均四萬噸的貨運量。

在范家屯火車站的上級單位，主管三十八個火車站的長春車務段段長馬慶國介紹，搶運行動開始後，整個車務段每天增運糧食兩百零二車。

馬慶國說，每天局裏都要跟車務段段長開電話會，統籌運糧情況。「瀋陽鐵路局下屬處在產糧區的火車站，二十四小時接受糧商運糧的請車。」

搶運行動前，相關部門曾為解決東北糧食問題出臺過政策。二月二十九日，國家糧食局、財政部、國家發改委曾聯合出臺一個補貼政策，從二〇〇八年一月二十三日到六月三十日，在此期間把東北稻米運到山海關內其他省份的，可憑發貨憑證享受運輸費用補貼。

不過，這個政策因為鐵路固定的運量和糧食運輸具有季節性的特點，並未發揮太大作用。瀋陽鐵路局宣傳部侯副部長說，加上當時正是春運時段，客運任務繁重，運糧難沒有得到徹底緩解。

四月二十三日至二十五日，鐵道部部長劉志軍先後到雲南和吉林黑龍江等主產區與地方政府和企業座談。隨後，鐵道部確定了五月一日到六月三十日搶運東北一千萬噸糧食出關的方案。

一名糧商說，他最難的一次，運一批糧食等了兩年多。「南方緊著要糧，我的糧食只能堆在糧庫裏，給倉庫交錢。」五月八日，公主嶺的糧商老翟回憶說，一個月前，他還在為運糧的事犯愁。

四月中旬，國際糧價開始新一輪上漲，南方又剛進入青黃不接的時節。在「糧荒」的傳言裏，南方不少省份的糧商開始屯糧。

「就那會兒，要運糧的都擠破頭了。」老翟說，東北糧食價格從去年就開始往下降，就是運不出去。

「車站一天有多少個車皮，那是定了的，都搶著要往外運糧，能不難嗎？」老翟說。

「最緊張的時候，到鐵路貨運站請車，等到可以發貨都是一年多以後的事情了。」五月十日，公主嶺一家儲量在四五萬噸的糧庫運輸負責人邢奇說。

更往北的黑龍江齊齊哈爾，一名叫張明的糧商說，他最難的一次，運一批糧食等了兩年多。他說，那時他們守在火車貨運辦，一得機會就去套交情，軟磨硬泡才申請到車皮。

據糧商們講，在車皮最緊張的近三年裏，有的糧商甚至連一節車皮都沒有申請到。

有不願透露姓名的糧商稱，申請車皮一是要靠關係硬；二是要用錢砸，有時候，一節車皮給鐵路的「方向費」，要兩千元到四千元。

五月一日，搶運行動開始的同時，瀋陽鐵路局在所屬路段進行了針對亂收費及濫用職權等行為的專項整頓行動。

「我們絕對禁止車站收取其他費用，發現有鐵路人員為親屬從中謀利的，一律開除。」五月八日，本次搶運糧重點地區長春車務段負責人馬慶國說。

隨著鐵道部門搶運糧食計畫的開始，一直困擾東北的運糧難題，得到一次短期的舒緩。

「運糧都趕在糧價上漲的一段時間，即使將所有的貨運量都給糧食，也不能滿足一半的需求。」瀋陽鐵路局宣傳部侯副部長說，運糧高峰的缺口無法統計，現有運力根本無法滿足。

東北地區是中國最主要的商品糧生產基地，每年糧食總產量都穩定在八千萬噸以上，佔全國糧食總產量六分之一強。二〇〇三年以來，東三省每年平均糧食流出數量約五千兩百七十萬噸。

據鐵道部公開資料，二〇〇六年，中國鐵路運糧總量為八千兩百八十二萬噸，僅跟東北糧食產量持平。

根據上述數字，運量佔全國鐵路貨運量百分之十左右的東三省，要承擔鐵路運糧量的百分之六十以上。而東北物產豐富，又有幾座重工業城市，煤炭、石油等產品都要通過鐵路運輸，勢必佔據鐵路相當一部分的運力。

瀋陽鐵路局工作人員說，運力不足，短期內是個無解之題。

此外，東北鐵路有一個「出關」的概念，所有火車必經山海關和隆化，在這兩個接節點上，運力更是受限。

「所有的車都要走這兩個口出去，就算每四分鐘過一輛車，一天也不過三百八十輛車。」長春段段長馬慶國說，鐵路的運力限制，單位時間內是有極限的。糧食運輸又跟市場有關，都趕在糧價高那段出關，短時間內的運力缺口，就被放大了。

對如何解決短期運力不足的問題，瀋陽鐵路局宣傳部侯副部長說，也只能根據情況和鐵路部門調度，盡可能增加運量。

「現在大家都不願意有過多存糧，因為這意味著倉儲的高成本，但是低庫存或是零庫存，又是建立在現代化的物流基礎之上的。」商務部市場運行調控專家、北京工商大學經濟學院貿易經濟系主任洪濤認為，糧食的周轉和庫存不合理，讓運力的問題凸顯出來。

而在不少糧食流通專家眼裏，糧食周轉和庫存不合理的深層原因，是糧食市場的不成熟，經營主體弱小、目前仍無能力保證糧食流通的順暢。

事實上，自從二〇〇三年國家開始糧食流通體制改革以來，僅有五年發展時間的民營糧商甚至還未獲得農民的信任。「都是國儲糧庫不收的時候，才會賣給他們。」范家屯一位姓國的糧農說。

國務院發展研究中心農村部研究員崔曉黎認為，中央儲備公司儲備糧食比重太大，一定程度上形成了壟斷，是民營糧企發展受限、糧食流通不暢的重要原因。

根據今年三月份的資料，中央儲備公司控制的糧食佔到市場流通量的百分之五十，佔到市場銷量的百分之六十。崔曉黎認為，在這樣的前提下，民間購銷體制很難形成。

「國家儲備控制的糧食最高不要超過市場銷量的百分之二十，市場周轉這一塊要盡量放開給民營，運輸收購都要民營化，有多頭競爭之後，糧食的價格反會相對穩定一些。」崔曉黎認為，這對現在的糧食購銷體制改革和糧食價格的穩定，都更有利一些。

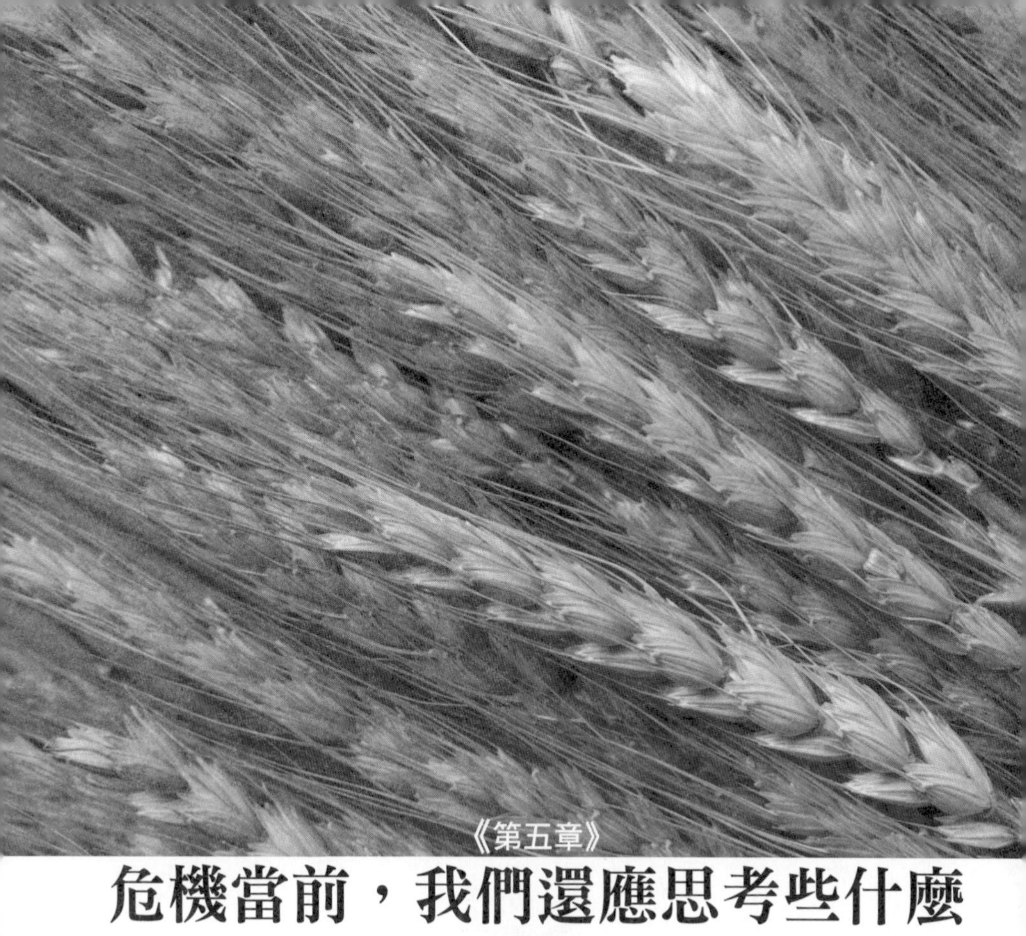

《第五章》

危機當前，我們還應思考些什麼

一、不能忘卻的傷痛——中國歷史上的幾次糧食危機

中國總理溫家寶在北方視察農業情況時說：「手中有糧，心中不慌。」今天的中國，能夠主要依靠自己解決十三億人口的吃飯問題，是對世界最大的貢獻。回首近代史上的中國荒年，由於中央政府的調控無力，全國各地幾乎年年鬧饑荒，老百姓生活在水深火熱之中。

清朝末年，溥儀剛滿四周歲，清王朝像艘破船，搖搖欲墜。在這艘行將傾覆的破舟上，下層群眾自發的反抗鬥爭風起雲湧。一九一〇年，發生在長沙的搶米風潮是這些民變中影響最大的一次。《辛丑條約》簽訂後，中國完全陷入半殖民地半封建社會的深淵。一九〇四年長沙被闢為商埠以後，外國商品像潮水一般湧入，加速了農民和手工業者的破產。《辛丑條約》規定給帝國主義的賠款，湖南每年要分攤七十萬兩。這七十萬銀兩使政府巧立名目，增加捐稅，高額的稅收使貧窮的百姓生活得更加艱苦。

而在一九〇九年發生的大水災，致使穀米收成受到嚴重損失。因水災歉收的鄰近省份前往湖南採購糧食。自岳州、長沙開埠以來即從湖南採購大米轉運出口的外國商人更是趁火打劫，他們與政府官員勾結，競相攜帶巨金，來湘搶購。湘米大量外流，湖南糧荒日益嚴重。一九一〇年三月下旬，省城長沙公私存糧不足三十萬石，尚不足兩個月的需要。這時，距新穀上市為時尚早，而地主奸商的囤積活動更加猖獗，米價扶搖直上，一日數漲，猛增至每石七八千文。當時，長沙城內人心

恐慌，局勢動盪，迫於饑餓的民眾鋌而走險的徵兆日益明顯。

一九一〇年四月十一日，長沙米價每石突破八千文大關。迫於生計，黃貴蓀和一班挑夫們從南門外白沙井或者遠處的河裏挑水出來，賣給長沙城裏人飲用。他一連挑了幾天水，拿回來七十文錢交給妻子。

這是一個等米下鍋的四口之家，妻子拿著這七十文錢到一家私售稻米的戴義順碓坊，想買一升米回家，店家說她還欠兩文，拒絕賣米給她。然而，黃貴蓀家所有的積蓄就只有七十文，家裏連個爛銅板都沒有。饑寒交迫的女人對生活感到絕望，於是跳進了家門口的老龍潭，以此逃脫饑寒的折磨。

黃貴蓀挑完水回家時，發現家裏沒有妻子的蹤影，只有兩個孩子餓得哇哇大哭。當他得知已妻子棄他和孩子自盡時，這位終日出賣體力卻沒有吃一頓飽飯的男人悲慟之下，一手抱起一個孩子，也跳入了老龍潭。這一刻就是歷史上有記載的「四月十一日長沙米價每石突破八千文大關」事件。

搶米風潮

黃貴蓀一家的死激起民眾埋藏在心中許久的怨恨，這種怨恨就像火一樣爆發了出來。隨著木工劉永福高聲喊「打」的號召下，憤怒的群眾便開始搶奪大米。聽到風聲，來這條潮宗街（長沙當時的糧店一條街）搶米的人就越來越多，幾十家米店被圍得人山人海。就連原先毫無搶米想法的人也加入其中。沒有米袋子怎麼辦，急中生智者脫下褲子當袋子使用。這天是三月初二，記載這一天的史書上說，頓時滿街狼藉，倉庫裏湧瀉出來的稻米在大街上堆了一寸厚。

米雖然搶著了，號召者劉永福卻被抓進巡警局。三月初三，長沙饑民圍困巡警局，要求平糶放人。迫於壓力，善化（後歸長沙）知縣郭中廣以正在造冊準備平糶為名，勸退了前來要求放人的群眾。三月初四，人們見劉永福還沒被放出，群情激憤下，群眾一擁而上把巡警捆起來掛到樹上，以此向警察局示威。

為了平息事端，三月初五，湖南巡府岑春冥下令警方開槍打死十多個饑民，幾十人受傷。群眾的怨聲四起，壓迫下的反抗再度爆發。初六子夜開始，長沙八百多家米店、碓坊堆疊餘糧蕩然無存。憤怒的群眾還一把火燒了撫署頭門、大堂、二堂。將全城糧店搶劫一空，中路師範、府中學堂、洋行、教堂均未倖免。

後來，清政府調兵入湘，英日美德等國也派來十多艘軍艦，一同鎮壓了這次搶米風潮。

天府之國人相食

在中國近代史上，區域性的糧食危機頻頻發生，因生產能力和抗禦自然災害能力的低下，所導致的局部災荒幾乎從不間斷過。同時由於當時中央政府沒有能力及時地調控全國糧食在各省間的分配，所以經常會發生地方性的饑荒。

一九三六年，在天府之國龜裂的土地上，一群金髮碧眼的洋人打著「國際社」記者的稱號，來此地考察。在考察中，他們看見的是這樣一個觸目驚心的畫面：在梓潼縣裏有十八萬民眾以草根、樹皮、白泥充饑。而在銅梁縣，饑民為挖白泥填肚子挖塌了山石，三十多人命喪黃泉。

中國社會科學院農村發展所農村政策研究中心主任李成貴說，近代史上有記載的人相食事件就有一百七十多起。在天災人禍頻發的年代，「人吃人的社會」不是一種比喻，而是真實的生活寫照。

國際社記者拍攝的照片，在一九九六年初被臺灣記者徐宗懋在臺北中華歷史工作室檔案中發掘出來，從照片上看，骨瘦如柴的兒童一個個腹漲似鼓，和人們今天看到的非洲饑餓兒童何其相似。

上個世紀初到一九三七年，四川省經歷了除旱澇這兩種常見災害以外的雹災、蟲災，還有人禍、匪災。據四川省「賑濟會」統計，一九三六年、一九三七年全省受災，大戶囤糧，米價瘋漲。

當時的四川省政府向國民黨中央政府急求賑災。剛剛經歷西安事變的蔣介石，正被日本入侵及共產黨全民抗戰的號召催得不知所措，面對百萬饑民竟如此輕慢：「水旱都要中央拿錢賑濟，試問中央以有限之財力，何能補助你們川人。」政府漠然的態度令老百姓心寒，但又無可奈何，只好自己想辦法解決饑餓問題。

清末分糧和民國施粥

在民國時期，北京城裏依方位設有東、南、西、北、中五大著名施粥處。每到吃飯時間，饑餓的災民就會排著長長的隊伍守候在施粥處，吃完飯後再各自分散開去。這樣「壯觀」的飯局一般會持續兩三個月，直到把青黃不接的春荒度過去。

中國社科院經濟所現代經濟研究室徐建青研究員介紹說，饑民排隊吃大鍋飯的現象在清末是沒有的，在賑濟饑民方面，清朝與民國時期採用的是完全不同的兩種救助方式。

清末採取放糧賑災的方式，官方動用國家倉儲救濟災民或者開放長平倉、社倉等。賑災放糧的好處在於，一可以平抑米價，二可以使得到糧米的人有自由用度的權力，可以把糧米吃了，也可以留一部分用於播種開始生產，或者拿去換錢，用在自己最需要的地方。

到了民國時期，各屆政府都忙於「城頭變幻大王旗了」，所以政府行為減少。同時民國政府也是為了減輕自己的負擔，不再動用國家庫存。民國政府把救災的任務下放給富豪鄉紳，比如一九一九年的雲南宣威，就是由浦在廷等人自己想辦法聯合形成賑局買米壓市。

北京城裏的施粥吃到後來，還發生了有人吃完一碗再排隊領一碗的現象，於是賑局就開始想出了發「票」的主意，一頓飯就是一張票，誰也不能多吃多佔。但是這種靠民間力量進行施捨的救濟行為，最多只是維持生命，對於恢復社會生產毫無作用。

災後重建與恢復生產才是當務之急，南京國民政府時期就設有急賑、工賑，還增加了農賑。農賑局的主要工作就是接濟農事資金，並且推行農村合作。為了省錢，農賑處不是給災民發放現金，而是賒給他們糧食、農具、牲畜、種籽、肥料，從生產物資發放上解決根本性的問題。

浦在廷拯救宣威米荒

在一九一九年和一九二六年宣威米荒時，浦在廷挺身而出，將宣威火腿出口到越南，然後從越南買回大米平價出售並設鍋施粥給宣威饑民。他是中國第一位把宣威火腿出口創匯的巨賈。

浦在廷出生於書香門弟，他的父親浦春瀾是光緒乙酉科的拔貢，當時，父親浦春瀾希望兒子高中狀元光宗耀祖，但浦在廷卻反其道而行，他一心要跟著馬幫去趕馬。

他從替別人趕馬到有了自己的馬幫，當時，每次出門到外省，總是被人問起宣威的火腿，還要替人捎帶許多。時間長了，他開始考慮給宣威火腿找一條新出路。

一九〇九年，三十五歲的浦在廷和陳時銓等幾位有志於發展火腿產業的朋友，籌畫組建了宣威歷史上的第一家火腿公司「宣威火腿股份有限公司」。初創時期，他們這家火腿公司的主要業務還是在當地收購鮮腿，由一家一戶的分散醃製，然後再挨家挨戶地回收。將這種最民間的操作發展成為規模化的企業集中加工，是宣威火腿生產史上最大的變革和突破。這種變革最具體的表現就是，火腿成了罐頭，有了真空包裝。

一九二三年左右是浦在廷事業的一個高峰，香港、澳門、新加坡、緬甸、越南、巴拿馬、日本、德國、法國都有雲腿的市場，二十六家分號在國內和東南亞站穩了腳。民國《宣威縣誌》記載：這年省內外一年銷售的宣威火腿就有六十萬公斤，銷往各地的罐頭就達三十萬罐。

浦在廷雖然是一位巨賈，但他不像奸商那樣唯利是圖，他是一位深受民眾愛戴的好商人。一九一九年，他的家鄉雲南宣威因水災和旱災鬧起大饑荒，他的公司在各種支出都增加得厲害、運輸出口的各種管道在戰亂中被阻斷的處境中面臨著倒閉的風險。

那時，擺在浦在廷面前的，一邊是政府救災的號召，一邊是官紳富商在相互推諉，這年頭泥菩薩過河自身難保，每個人都說自己早已無能為力了。但還是有人發了橫財，糧食販子們興奮地看到了「機遇」，這正是趁機哄抬糧價的好時機，旱澇之年也有人能大發其財。

《宣威縣誌》中有段記載：民國八年，由於乾旱，宣威出現了米荒。知縣呈請省署，蠲免了錢糧，但百姓仍然不能果腹。

在民不聊生的時期，發黑心財的商人仍然不放過任何一個發財的機會，宣威的一些商販亦如此，他們利用手中的資金屯積居奇，哄抬米價，撐控著糧食市場。在他們的操縱下，全城米價成倍瘋漲。在這個動盪時期，浦在廷站出來了，他聯合一批商會中的忠厚朋友張守一、陳時銓等，合夥捐出巨資，從越南進口糧食平價出售給百姓。他們平價出售的行為將高漲的米價壓了下去，從而緩解了饑餓的危局。

浦在廷的女兒浦代英在《無悔的歲月》中寫道：一九一九年進口的越南大米中，一部分用來平抑市價，一部分留出來給窮得買不起糧的人在街上喝施粥。一九二六年又在宣威上演了一回。這次是嚴重的霜災，全縣糧食歉收，市面上的糧價不是三倍五倍地漲，而是漲了十倍。

在一九二六年發生糧荒時，浦在廷剛從監獄回到宣威，這時擺在他面前的是毀於一旦的十數年火腿經營和全縣又一次大饑荒。

同樣，浦在廷又挺身而出，當起了「救世仙翁」。他聯合富商巨賈，籌備鉅資，這一次又是從越南買進「東京米」運回縣城，打擊奸商故意哄抬糧價的行為，緩解了饑荒的局面。浦在廷的名字也再次載入了史冊。

三年自然災害與饑荒

一九五九年～一九六一年，在中國乃至世界的災害史上，是極不尋常的三年。直到現在，一提起「三年自然災害時期」、「三年經濟困難時期」，親身經歷過的中國人都會想起那個饑餓的年代和那些到處餓死人的日子。

中國科學院的一份國情報告中曾經提到：「三年困難時期，因糧食大幅度減產，按保守的估計，因營養不足而死亡約一千五百萬人，成為二十世紀中國最悲慘的事件之一。」

據研究者統計，三年災難時期，僅一九六〇～一九六一年間，中國大陸的非正常死亡人數，最低也在一千三百四十八萬以上。

三年自然災害使中國人生活在水深火熱之中，饑餓幾乎與每個人為伴。毛澤東的兼職秘書李銳在《大躍進親歷記》中，有這樣一段描述一九五九～一九六一年大饑荒時安徽省鳳陽縣的情形的：「鳳陽全縣死絕八千四百零四戶，死、跑而空的村莊二十七個。」

在大躍進前一年的「反右運動」中被打成右派分子的作家白樺對三年自然災害的情形至今記憶猶新。白樺說，當時信陽地區一個村落一個村落的人被餓死，僅息縣就有六百三十九個村子死絕。固始縣全縣無人煙的村莊有四百多個。死絕的戶數，光山縣就有五千六百四十七戶，息縣五千一百三十三戶，固始縣三千四百二十四戶。

自然災害本來就使中國人的生活十分艱辛，而中國政府卻在那時候搞大躍進，農民被強迫丟下農活去「找礦」「煉鋼」「修水庫」，大量成熟的莊稼爛在地沒有收入倉，或者收割草率而大量拋撤。僅河南省就有百分之五十的秋糧被毀棄在地裏未收穫入倉。而且，由於各地嚴重的浮誇虛報產量，使國家徵購糧食的任務成倍增加，而實際產量與徵購數幾乎相當。留給農民的口糧已經所剩無幾了。而就在這時，人民公社響應黨的號召大辦公共食堂，以幾千年來老百姓從未見過的場面糟蹋糧食，三、四個月就耗盡了那本已不足的口糧。到一九五九年春天，許多地方已經有餓死人的現象發生。從五九年十一月尾起，人類歷史上空前的大饑饉就籠罩了全中國。斷糧的農民數以千萬地餓死，萬戶蕭疏、餓殍遍野，到處都有餓死倒斃在路邊的人。樹皮被剝光吃了，被子裏的棉絮也扒出來吃了。有些地方甚至出現吃人肉的現象。

二、國庫藏糧還能走多遠

糧食不僅是人民生活的必需品，也是重要的戰略物資，直接關係到國家經濟安全和社會穩定。為了發展農業生產，提高農民的種糧積極性，近年來，中央出臺了一系列更直接、更有力的扶持政策，主要包括實行「三減免、三補貼」、推進糧食流通體制改革、實施最低收購價、加強農田水利建設措施等。

糧食危機爆發後，中央政府更是將發展農業生產作為二〇〇八年的重點工作之一。二〇〇八年四月五日至六日，中共中央政治局常委、國務院總理溫家寶在河北考察農業和春耕生產時指出，手中有糧，心中不慌，中國的糧食儲備是充裕的。中國人完全有能力養活自己，一個擁有十三億人口的大國依靠自己解決吃飯問題，就是對世界最大的貢獻。

在全球糧食短缺的局面下，「中國的糧食儲備是充裕的」消息令人感到欣慰。然而，二〇〇八年四月七日《二十一世紀經濟報導》說，安徽當塗糧庫本是存儲中央、省、市三級儲備糧總容量約八萬噸的地方，目前糧倉大門落滿灰塵，成人拳頭大的鎖布滿鐵銹，只有門衛和辦公室主任兩人在上班。該辦公室主任表示，「去年秋天就已清倉了，沒有一粒糧食」。

而繼安徽當塗糧庫案後，黑龍江富錦九〇糧庫又爆出庫糧虧空案，庫中大量陳化糧不翼而飛。這兩則消息讓國人覺得「中國的糧食儲備是充裕的」消息撲朔迷離。

的確，從糧食生產形式來看，中國糧食連續三年增產，今年的糧食生產情況也比較樂觀，在這種情形下，中國的糧食庫存比較充裕。但讓人擔憂的是，在國際糧價高漲的局面下，一些在糧庫工作的人員利用手中職權和工作便利，將國家的儲備糧進行偷盜和變賣，從而獲取巨額利潤。

九〇糧庫虧空

九〇糧庫位於富錦東九十公里，據富錦市糧食局提供的材料顯示，該糧庫始建於一九七一年，地處三江平原腹地，緊鄰創業農場、紅衛農場、前進農場，擔負三個農場的糧食接收和西豐、勝利、小佳河三個糧庫的糧食中轉任務。

該糧庫現有職工三百四十九人，離退休職工五十四人，其中企業領導十四人。固定倉容加上簡易罩棚為十五．三三萬噸鐵路專用線總長度二千六百八十延長米，月臺面積三．二萬平方米。

二〇〇八年四月二十九日，在網上流傳著一則關於九〇糧庫的文章，文章的作者說：「位於黑龍江佳木斯市富錦的中國東北最大國家糧食儲備庫——九〇糧庫，從門衛到主任皆偷盜庫存糧並盜賣一空。此案驚動中央高層，近期中紀委派調查組正在調查，已查出帳面九個億無法對賬。目前相關人員至少六人被抓……」

這則消息引起軒然大波，二〇〇八年五月九日，記者將聽到的所有傳言逐一向富錦政府有關負責人求證。

對於記者的調查，富錦市政府新聞發言人、常務副市長呂廣良對記者如是說：「九〇糧庫出事、糧庫主任被抓，這是事實，我們並不想迴避，不想人為掩蓋什麼。」

案件發生後，當地政府相關部門展開了積極的調查。五月十一日到五月十三日，記者向糧庫緊鄰的創業農場多名官員求證，他們對該庫職工的偷糧行為早就知情。

他們透露，參與盜糧的有糧庫負責人、過磅員、裝卸工、保安、臨時工等。庫遍地是鼠，糧庫管事的明目張膽地用車盜賣；下層職工、臨時工則晚上偷糧，九〇糧庫偷糧弊案，在富錦當地已成公開的秘密。

更為甚者，九〇糧庫的一些正式工，偷糧並不避人耳目，常在白天行動，大貨車停在糧庫外，裝卸工和保安則在糧庫四周的壕溝上鋪上跳板，扛著裝稻穀的麻袋上汽車。晚上則是臨時工及糧庫下層職工的盜竊時機。

創業農場一官員說，這些偷糧方式還都是糧庫一般職工所為，真正在糧庫管事的人，都是明目張膽地開車，或是用火車向外倒賣糧食。

除了盜賣糧食外，每年糧食收購糧食的季節，就是過磅員大發橫財的季節。過磅員與外部的糧販子私下定了口頭協定，從斤兩上做文章，糧販子開著大汽車來賣糧，一汽車糧能得到五車的糧款，對於這「多」出來的四車糧款，檢斤員與賣糧的販子七三分成或者八二分成。具體做法是，這車糧過完磅後，不到糧倉卸糧，而是繞著糧庫大院子轉了一圈，再來到大磅上檢斤，這樣反覆轉了五次。

此外，糧庫中的負責人還虛報倉儲量套取國家給予陳化糧的補貼費，以及農發行的糧食保管費，據估算，涉案金額可能過億。

創業農場宣傳部一位官員說，糧庫主任劉忠庫等人製造虛假賬目用以騙取巨額資金。比如農發行按照糧庫上報的倉儲量，以每噸八十元的標準劃撥糧食保管費，而劉忠庫等人虛報倉儲數目，套取巨額糧食保管金。此外，新糧和陳化糧之間的補貼差價也成為劉忠庫牟利途徑。糧庫每年收進的新糧，三年內未被劃撥出去，就成為陳化糧。國家給予補貼。九〇糧庫每年收購來的新糧，大部分被賣給糧販子。倉儲量是虛假的，只為套取陳化糧的補貼。

「他們也會低價收購一些陳化糧，填充糧庫。」創業農場一名官員說，糧庫每年春季在大路上曬糧，陳化了的稻穀用腳一踩，就能踩成粉，很遠就能聞見黴味。糧庫中不僅倉儲量能造假，和糧食有關的用具和相關賬目都能造假。

九〇糧庫虧空案件引起政府機關的高度重視，五月十五日，黑龍江佳木斯市人民政府新聞發言人對外宣布，在對該糧庫庫存的檢查中發現，糧庫少糧現象明顯，陳化糧出現不符合常理的大量虧空。糧庫主任劉忠庫、出納員姚麗豔涉嫌經濟犯罪，已被依法拘留。

啟示：糧食儲備應走多元化之路

九〇糧庫巨額虧損的原因，遠不是通常意義上的管理不善、監管不嚴，而是已經演化為赤裸裸的明搶豪奪。而在這匪夷所思的現象背後，則是上級主管部門對九〇糧庫的放縱和失控，以及中國糧食儲備制度的欠缺。

按照媒體調查顯示，九〇糧庫虧空的原因，大致有幾下幾項：一是幹部職工偷糧盜賣，幹部明盜、職工暗偷；二是糧庫職工與糧販子內外勾結，虛報收購數量，最誇張的情況，一車糧食反覆五次過磅，記錄五倍收購記錄；其三，將收購的新糧專賣糧販子，再以已經不存在的倉儲量，套取農發行的糧食保管金及國家陳化糧補貼。

糧食乃民生之本，亦是影響國家安全的重要因素。適逢世界糧食危機的關鍵時刻，摸清家底、保障供應、穩定民心，更顯得格外重要。值此時刻，富錦九〇糧庫嚴重虧空曝光，無疑具有特別的警示意義。

或許正是意識到此案的重要影響，案發之後，有關方面迅速派出調查組深入調查，糧庫主任、出納等人也依法拘留。全國媒體對此案也給予了高度重視和大量報導。

毋庸置疑的是，九〇糧庫虧空案件的真正影響，在於「碩鼠」盜空糧庫給國家糧食儲備造成的實際危害和以隱瞞虧空為手段，對糧食儲備資訊的扭曲和誤導。面對這種客觀存在的危害，任何意在弱化事件嚴重程度的「淡化處理」，頂多能夠減小對相關責任人的「影響」，卻對減小案件本身帶來的實際危害沒有任何幫助，反而會因對事件真相的遮掩而醞釀更大、更嚴重的危害。相較於近來世界的糧食危機，中國的糧食儲備和供應相對充足，因此國家糧食局責任人才有底氣宣布「當前中國糧食供求基本平衡」。但「以世界七分之一的土地，養活五分之一的人口」的客觀現實，決定了中國的糧食供給，將始終處於微妙而脆弱的平衡狀態，任何資訊扭曲、誤導，都可能給這種平衡帶來重大的影響，因此政府做好確保糧食安全工作刻不容緩。

而在中國，報導與評論者往往將糧庫空置與國家供應糧食安全掛鉤起來。他們認為，有了足夠的收穫，才可能為糧庫提供糧源，如果收穫不夠多，糧庫儲備就會減少。其實，糧食是否豐收並不能做為國家供應糧食是否安全的根據。因為即使收穫夠多，國家糧庫不收購儲藏，也會被其他商人或者是農民自己儲藏，而不會就沒人管了。真正決定國家糧食安全的，是農民願不願意種糧、是田裏的收穫夠不夠多，至於收穫的糧食儲備於民間還是國家糧庫，則不過是不同經濟體制的必然產物罷了，其間有合理不合理、浪費不浪費的區別，卻無關國家糧食供應的安全不安全。

因此，要使得國家糧食儲備制度惠而不費，最好的辦法是走國庫和民間藏糧的多元化道路。將部分糧食改藏糧於民間，糧食供應反而會比現在安全得多。因為農民因此有更好的獲益，種糧積極性將更高，才會盡可能去耕種更多的地、會更加注重精耕細作，總收穫量才更高，或藏於自家，或藏於其他商家，就市場供應而言，所有這些或大或小的倉庫都是整個國家的糧食供應倉庫。藏於國家糧庫的糧食是儲備，藏於民間的糧食同樣是儲備。只要不出現大的政策性失誤，導致越來越多的農民因收入微薄而失去種糧積極性，國家可以減少糧食儲備量，而將一部分糧食藏於民間，只有走國庫和民間多元化道路，才能提高中國的糧食安全度。

三、謹防外資對糧食市場的控制

俗話說：「民以食為天」，正在愈演愈烈的國際糧荒給世界所有國家糧食安全再次敲響警鐘，維持人們最低生活和生存的糧食安全，是一件至關重要的大事情。

綜觀世界各個國家，一旦糧食出現危機，引發民間騷亂、社會動盪以及政權更替現象屢屢發生。中國作為世界第一人口大國，十三億人口的吃飯問題是一件最為重要的事情，也是關係到國家安全與社會穩定的事情，絲毫不容出現任何問題。

從新中國成立以來，中國政府歷來重視農業和糧食生產問題。始終把農業確立為國民經濟的基礎地位，把糧食作為國民經濟基礎的基礎；改革開放前就提出了「以糧為綱」的指導思想。正是中國政府對糧食生產的重視，才使得從二〇〇四年至今，中國糧食連年豐收，二〇〇七年糧食總產達到十．〇三億噸，而今年有望再創歷史最好水準，從而實現首次連續五年增產。在國際糧食安全頻頻告危情況下，中國才能更加感到「手中有糧，心裏不慌」，顯得自信和從容。

而在全球糧食短缺的情況下，中國糧食安全較為樂觀的局面引起一些國際投資商的青睞，國際熱錢趁機流入國內市場，操控國內的糧食市場，然後賺取巨額利潤。據調查，國際熱錢賺國內外糧食價差的途徑主要有：到中國低價收購糧食，出口到香港，再轉口歐洲，從中牟利；把糧食收購回來，儲存到租來的糧倉裏，待到價格攀升之後售出，賺錢更容易。

中國社科院工業經濟研究所研究員曹建海說：「目前中國糧倉存在很大的空置率，為資本對糧食的收購提供了便利。」

而在資深投資人辜勤華看來，收完糧食再賣掉賺取差價是最笨的辦法。「牟取暴利的國際資金往往在不經意中進行布局。」他分析說，幾年前國際資本就已經向中國的農業產業大舉滲透。如高盛控股了河南雙匯這個中國最大的屠宰公司。「直至今天，可能很多人還沒有意識到高盛此舉的深遠用意，由於豬肉與糧食的密切互動關係，高盛等於是加強對中國糧食領域的控制力。」

外國資本對中國市場的投入越來越大，就連中國最大的兩家製奶業，蒙牛與伊利，同樣讓外國資本從中獲得了最大的利益。而中國在新加坡上市的「大眾食品」更是新加坡最受投資者歡迎的上市公司，其青睞度甚至超過國家航空公司，因為它的控制力也在外資手裏。

「在當時政策缺少限制情況下，這些國際資本或者熱錢，緊緊盯著中國農業板塊的上市公司，一個簡單的例子，早在二〇〇四年，德國的DEG就介入了中國農業產業化的重點龍頭企業G海通（600537）。」辜勤華說。

事實上，國際資本一直在中國的大豆、玉米、棉花等農產品的生產、加工以及相關的種子、畜牧等產業虎視眈眈，對與農業關聯度很高的行業如化肥、食品加工、養殖、飼料生產等行業層層圍剿，以此爭取在中國糧食價格上的控制權。在外資的壟斷下，中國的大豆市場已經處於癱瘓的境地，每年需大量的進口來滿足國內的供應量。

「國際資本一直在加強對中國農業加工產業的併購步伐。而中國之前對外資投資農業領域的鼓勵政策，已經使國際資本在中國農業相關領域獲得了足夠的控制力。」辜勤華說。

辜勤華認為，目前情況下，大量消耗糧食的啤酒產業已經亟須引起高度重視，之前的哈啤、青啤收購案已經為中國的糧食產業敲響警鐘。二〇〇八年，嘉士伯再度出手，收購了紐卡斯爾在重慶啤酒的股權，成為重慶啤酒的第二大股東。

「在中國糧食市場存在巨大隱性危機的情況下，國際大資本集團有可能收購分散在不同外資手裏的啤酒股份，進一步加強對啤酒產業幕後糧食的控制力。」辜勤華提醒說：「最可怕的是國際資本的聯合操作，它們一方面會通過集中收購，降低國內糧食供給，另一方面通過掌握的情報，在國際期貨市場操作價格，從而對中國糧食進行高額獲利。」

辜勤華舉例說，今年上半年，芝加哥期貨交易所，糙米期貨就一度出現大面積漲停行情。而根據統計顯示，大米、小麥、玉米、大豆和植物油也都處於歷史高位。二〇〇七年世界小麥價格上漲了百分之一百一十二，大豆上漲了百分之七十五，玉米上漲了百分之五十，大米二〇〇八年第一季就上漲了百分之四十二，勢頭迅猛。

之所以會出現這樣的情形，據悉，中國目前的糧食海外補給一方面通過進口，另一方面就是通過芝加哥的期貨交易市場。

「中糧與加拿大小麥局簽有長期買賣協議，其他主要進口國家有美國、澳大利亞、法國、巴西、阿根廷等國家。中國在二〇〇八年一～二月的農產品進出口貿易總額為一百五十億美元左右，同比增長了近百分之四十。其中進口額同比增長了近百分之八十。農產品貿易由上年同期的順差變為逆差。同時，中糧承擔中國在糧食期貨市場上的主要買賣任務，雖然多年以來積累了一些經驗，但是在大資本作局時，我們賭不起。」辜勤華說，「即使我們有豐富的期貨操作經驗，當糧食出現告急，期貨市場的臨時下單是買不到的。而這就可以成為國際資本制約中國這個糧食消耗大國的殺手鐧。」

無論是在國際上，還是在國內，中國面臨的糧食壓力都不容忽視。從國內來看，城市化、工業化佔領很多土地。大批農村青壯年外出打工，使糧食生產能力減弱，與不斷增長的需求形成矛盾。

而在國際上糧價一路攀升之際，中國一直在利用財政對農民進行糧價補貼。而糧食的產量受制於土地的面積及固有常規產量，很多時候還受到氣候的影響，如果出現短缺，很難解決。

國內糧食形式不樂觀，如果在國際上再受外資的控制，那麼，中國的糧食安全讓人擔憂。針對外資對中國糧食市場的逐步控制，有關專家認為，中國農業包括產業化的龍頭企業發展的一大瓶頸是資金問題。吸引外資直接或者間接投資於中國農村、農業以及與農業相關的產業，是促進農業發展的一大措施。中國經濟之所以取得這麼大成就，與大舉吸引外資的開放政策是分不開的。中國農業的大發展同樣離不開吸引外資的開放政策。但是，在吸引國際資本上必須織好安全網，升級防火牆，既不要在築造農業特別是糧食安全壩堤時給灌湧留下空子，又絕不能讓熱錢在壩堤上打洞。因此，專家建議，國家有關部門迅速制定農業以及相關產業、企業外資兼併、入股辦法，最基本的原則是外資不能處於控股地位，其股份不能超過百分之五十。同時，密切關注熱錢流向，密切關注糧食流通和去向，限制糧食出口，防止非國家儲備庫之外的任何企業、個人大量囤積糧食。

總之，糧食安全關係到中國十三億人口的生活，中國政府不能有絲毫的鬆懈，為了不讓國際資本在中國糧食安全壩堤上挖洞，我們應緊緊抓住控制權，不給外資留有任何的可趁之機。

四、別讓農民賣糧難

為了保護農民種糧積極性，促進糧食生產發展，二〇〇八年二月十九日，國家發改委宣布，二〇〇八年國家繼續在稻穀、小麥主產區實行最低收購價政策，並適當提高最低收購價水準。

發改委產業經濟與技術經濟研究所一位副研究員說：「這是一個聽起來匪夷所思的問題。人們都認為糧食一直在漲價，但有些地方又賣不出去，需要國家提高最低收購價來保護。」可見，發改委宣布提高糧食最低收購價的目的之一是為了解決農民「賣糧難」。

在全球糧食短缺，糧價高漲的形式下，出現農民「賣糧難」的情況讓人有點匪夷所思。發改委內部人員說：「事實上，從二〇〇七年年底開始，有些地方的小麥價格其實已經回落，整個社會『通膨』預期下，沒有注意到這一點，而且部分地區還在短期內出現了糧食的供大於求。」

據國家發改委二〇〇八年初發布的價格監控顯示，在前期國家採取增加臨時存儲小麥投放、拍賣中央儲備玉米等一系列政策措施之後，國內市場糧食價格總體上開始回落。二〇〇八年一月份，稻穀、小麥、玉米的收購和批發價格均出現小幅下降。稻穀、小麥、玉米每五十公斤收購價格分別為八十六．六元、七十八．七元、七十二．二元，比二〇〇七年十二月分別下降百分之〇．二、百分之〇．八、百分之一．九。同時，大米、小麥、玉米的批發和零售價格也開始由升轉為降。

糧食價格下降，糧食產量供大於求是部分地區出現賣糧難的推動因素。特別是在黑龍江，農民賣糧難的現象較為普遍。二〇〇八年四月二十日，記者在黑龍江省虎林市東興村採訪發現，村民王傑芳家的小倉庫裏面堆滿了稻穀，糧倉很簡陋，下雨天時漏水，並且在平時經常有老鼠偷吃糧食。看著自家的糧倉，王傑芳沒有絲毫的喜悅之情，他擔心這些糧食放的時間長了會變質，但他又不願意以低價格賣掉。他說，他家種了十八畝水稻，每畝大概能收穫九百多斤稻穀，由於農資、化肥、人工在二〇〇七年不斷上漲，如果以七毛錢一斤將稻穀賣掉，那他自己辛辛苦苦一年下來，根本就掙不了多少錢，如果價格再低，還會賠錢。

除了價錢低的原因之外，王芳傑還因為借助零散的資訊了解到，國際市場大米價格節節攀升，一些地區甚至出現搶購風潮，這讓他覺得自己的稻穀再放一放也許能賣個好價錢，因此，他從二〇〇七年一直盼到二〇〇八年，然而，他的希望成了泡影，每斤稻穀的價格仍然在七毛錢左右徘徊。

在中國最重要的稻穀基地黑龍江省，王傑芳的遭遇並非個例，當國際米價一路暴漲、「米荒」警報驟響的時候，農民們面臨的卻是反常的賣糧難。在有「天下第一水稻大場」的八五六農場，記者見到劉顏鎮，他家裏還有六十噸稻穀沒有賣出，這些稻穀將他家的兩個偏房塞的滿滿當當的。

劉顏鎮由於承包的是農場的土地，他除了正常的生產成本外，還得給農場上交每畝三百多元的承包費，因此現在的價格他更接受不了，他打算再把這些稻穀暫時存在倉庫裏，等待著糧價高漲的時機到來。

國家制定的最低收購價為何讓農民感到失望呢？記者通過調查得知，國家制定的收糧標準對水分和雜質等做成非常嚴格的規定，凡超過〇．五個百分點都要扣錢。從而致使實際價格與最低收購價有一定的差距，糧價在無形之中又被降低。中儲糧虎林直屬庫主任孫政說：「老百姓感覺我的糧食就應該一斤給我一斤錢，國家說的一斤七毛五，我的一斤就應該給我七毛五，實際國家的政策並不是這樣，它有標準的，超過標準以後，折算到國家制定的標準，所以他的糧不可能是一斤就按七毛五，或者七毛七來，這個和老百姓的心理有個偏差。並且由於國家不允許我們主動收糧，因此農民要想到這裏賣糧必須自己承擔運輸的費用。」

與國家糧庫的苛刻條件不同，大米加工企業簡單的標準和主動收糧受到農民的歡迎，虎林市農委副主任張顯鋼告訴記者，根據他們的調查，由於農民從最低收購價那兒得不到實惠，而且還非常麻煩，因此農民賣給國家糧庫的糧食非常少。但是農民從收購企業那裏仍然得不到實惠，因為這些收購企業紛紛比照最低收購價的標準也開始扣雜扣水，變相調低了價格，只不過農民不用那麼麻煩地將糧食送去，而是收購企業主動上門。

大米收購企業低價收購大米，從中可以獲取多少利潤呢？黑龍江虎林興海米業經理于德春告訴記者，一旦市場價低於最低收購價的時候，糧商們肯定不會按照最低收購價格來收購水稻，然而虎林國家糧庫容量還不到到生產總量的一半，農民剩下的糧還得賣給加工廠，這樣最低收購價依然無法保障種糧農民的利益。

在黑龍江的糧食產區，國家最低保護價並沒有讓農民保住本，而一些糧食收購企業則根據最低保護價的標準壓低糧食收購價，結果農民只聽說國際上米漲價了，但自己卻沒賺到錢，而那些糧食加工企業的日子也不好過。

例如，黑龍江鑫溢米業總經理楊在虎每天都在為自己的大米運輸而發愁，由於始終請不到火車貨車車箱，他生產的大米運不出去，現在自己的工廠開工率還不到百分之三十，有時候一個月都不出一車皮，大米到月臺有時候兩個月都出不去，車皮太緊張了。

由於南方大米緊缺，加上黑龍江大米又非常暢銷，因此楊在虎接到大量的訂單，然而，楊在虎現在上了二千噸的合約都不敢簽，因為他目前還有上百噸的大米堆在火車站的貨場裏無法運出。

在黑龍江，像楊在虎這樣的情況不在少數。據統計，截止到四月份，虎林市有上百家大米加工企業都面臨著大米運不出去的困難。進入虎林火車站第二貨場，首先呈現在眼前的是貨場裏堆滿了各個加工企業等待運輸的大米，而且還有源源不斷的卡車運輸大米過來卸貨，而作為中國鐵路最末端的一個火車站，虎林站根本沒有能力運輸如此多的大米。從而造成大米很難向市場流通。

據哈爾濱鐵路局運輸處副處長蔡克林透露，虎林車站要從運輸能力均衡上看，每天也就在五十車到一百車左右，但是糧食運輸有個季節性運輸，所以要集中搶運，造成能力不適應。

不僅是虎林這樣的小站運力緊張，整個黑龍江的大米都遭遇到交通運輸的瓶頸。中國最大的大米加工集團北大荒米業是黑龍江省鐵路運輸的重點保障企業，但仍有十一萬噸的大米等待運出，造成一半的產能閒置。

因此，即使南方銷區的大米價格上漲了，但扣去同樣上漲的運輸成本，黑龍江的大米價格還是維持低位，再加上大量的大米又在黑龍江積壓，再好的大米也賣不上價，而農民的稻穀也不可能賣上價錢。

低廉的價格已經致使八五六農場的一些農民紛紛離開農場，閒置的土地佔了總面積的四分之一。

農民賣糧難的現象已經對糧食安全產生影響。黑龍江省農科院總農藝師矯江說：「『賣糧難』打擊了農民的積極性，糧食的產量也因此而受到影響。據預算，黑龍江二〇〇八年的糧食產量很難超過二〇〇七年。」

雖然東北的糧食問題是一個比較極端的個案，但是它反映出目前我們糧食問題的嚴峻，保護農民種糧積極性，保護糧食安全，需要的不是口號，而是實實在在的資金投入和政策扶持。

二〇〇八年六月，國務院發展研究中心農村部研究員崔曉黎提出，國家糧食收購價偏低，國內糧價遠低於國際市場。由於今年夏糧豐收已成定局，種糧農民可能面臨新一輪「賣糧難」。

在這種形式下，破解農民賣糧難的局面非常關鍵。崔曉黎認為，目前的問題是國內市場需求總體不足，夏糧豐收後，銷區調運的積極性不高，急需尋求市場出路。如果政府啟動「最低收購價」預案，但糧食缺乏市場出路，可能會再次出現「大量儲備糧壓庫，財政資金背包袱」問題，最終會打擊農民種糧的積極性。

基於此，崔曉黎建議，當前的糧食調控應該充分利用國際和國內兩個市場，在目前國際糧價高企、一些國家糧食短缺的背景下，中國可考慮在今年夏收後至秋收前，出口二千萬噸左右的糧食。

崔曉黎指出，二〇〇七年，中國的玉米、水稻和小麥三大糧食品種淨出口八百三十五．四萬噸，比二〇〇六年淨增二．三倍。二〇〇八年一季度，在糧食出口稅負大增的情勢下，中國的淨出口穀物仍然為五〇．五萬噸。這已說明「適度出口對調控中國糧食市場的價格，保護糧食主產區的利益，利大於弊」。

將糧食適當出口，無論在國內還是在國際都具有積極的作用。從國內來說，可提升國內糧食市場價，避免啟動最低收購價政策，既可切實確保種糧農民的收益，也可大幅降低各級財政的糧食風險基金規模；從國際看，有助於緩解國際範圍的糧食危機，支援低收入國家解除糧食困境。

崔曉黎認為，國際市場糧價高漲，對中國而言利大於弊。在他看來，國際糧價「天花板」價格的抬高，事實上是擴大了中國政府採用市場手段來保護農民利益的空間。這種調控空間的擴大，一可有效緩解政府的財政壓力，有利於國內糧食市場發育，二是在國際上可獲得經濟利益，並為中國贏得良好聲譽。

總之，中國政府如果不盡快破解「賣糧難」的現象，就會挫傷農民種糧的積極性，糧食產量問題就會受到影響。最終，無疑又會加劇目前已經非常嚴峻的通貨膨脹，成為一種惡性循環。

五、雪災地震中國食品安全再經考驗

二〇〇八年，中國先後遭遇了雪災和地震的襲擊。雪災的發生導致中國冬季農作物生產受到嚴重的影響。雪災發生後，多數人們擔心在全球糧價高漲的局面下，雪災會推動中國糧價上漲。

雪災給城鄉居民生活生產造成非常大的困難，特別是對新鮮蔬菜的生產具有「毀滅」性的損害。據統計，截至一月二十九日，雪災影響的十六省因低溫受災作物面積達到一．〇五億畝。其中，湖南、貴州、湖北、江西四個省份災情最為嚴重。佔整個受災面積的四分之三。受災作物包括油菜、蔬菜、柑橘和小麥。

小麥受災意味著中國小麥的產量在二〇〇八年會有所下降，這是否會致使糧價上漲呢？針對此問題，二月十四日，商務部部長助理黃海在國務院新聞辦新聞發布會上表示，雪災對中國的食品價格總體會有影響，但不會太大。截至二月十三日為止，與雪災前相比，糧食價格基本沒有變化。小包裝的麵、米和麵粉，每斤相差兩分錢，變化不大。

一波平息，一波又起，二〇〇八年五月，地震又襲擊中國四川，不僅摧毀了城市建築和企業，還奪走了數萬人的生命。四川汶川地震，是中國二〇〇八年最沉痛的一次災難。

四川是中國的農業大省，它是中國第三大肉類生產省份、第一大豬肉生產省份、第五大糧食生產省份。四川的豬肉產量超過全國產量的百分之十。二〇〇七年，在全國生豬生產下滑、豬肉供應偏緊的情況下，四川生豬達九千九百一十一萬頭，同比增長百分之五．二；外調豬肉一百一十七萬噸，同比增長百分之二十二，約佔全國豬肉外銷總量的三分之一。因此，有分析機構認為，四川地震或許會推高食品價格，使通膨壓力有所增加。

四川地震是否會推動食品價格上漲，眾多經濟專家就四川省、全國的情況進行分析，結果一致認為，儘管中國四川汶川大地震使災區民眾的生命和財產遭受巨大損失，但這場災難對宏觀經濟的影響非常有限，對食品價格上漲的影響也非常有限。

專家們認為，從地震發生的時間來看，在四川省發生地震的時候，受災地區糧食種植的主體工作尚未展開，並且，受災面積只是四川省的一個局部區域，從這個角度來看，除非接下來的糧食種植受到實質性影響，地震不會對四川省的糧食產量構成大的影響。從地區上來看，四川省是中國生豬生產大省，但是，地震的涉及區域主要是汶川，而汶川恰恰並不是生豬產地。地震震央汶川縣屬於山區，只有少量工廠和農業生產，產值只佔四川省的百分之〇．三。由於當地退耕還林，不具備飼養生豬的條件，並且由於交通不夠發達，生豬運輸成本也非常高。

從全國的情況來看，這次地震震感較強的甘肅、陝西、重慶、雲南、山西、貴州和湖北的GDP總量佔全國的百分之十八，但其生產基本上未受到嚴重影響，都在保持正常。去年，由於生豬供應緊張，全國各地都加大了對生豬養殖的政策扶持力度，這些新增生豬供應量將能有效緩解生豬供應壓力。糧食供應也一樣，由於大量東北大米南運，廣州的米價上漲問題已經基本得到解決，市場中的米價在五月份降幅達到〇．三元／斤。在非主產區的糧食價格降低，糧食主產區的糧價有可能進一步下降，從而形成良性循環。

從專家們的分析來看，地震確實對中國食品造成的影響非常微小。而人們認為地震會推動中國食品價格上漲，主要受三個方面的影響。一是心理層面的影響，由於一些人不了解真實情況，擔心地震減少糧食和豬肉的市場供應，一些中間商人可能趁機囤積居奇，推高食品價格。但是，鑒於豬肉價格的上漲動能已得到比較充分的釋放，上漲空間非常有限。二是交通受阻導致的糧食與生豬供應的暫時性減少。地震導致部分道路交通受阻，相關糧食與生豬不能及時地運出，供給的減少將加大個別地區食品類價格上行的壓力。三是投資方面的影響，地震可能使得糧食或生豬的投資動力受到一定影響，在這種情況下，地方政府可以出臺一些政策性優惠措施，給糧食與生豬生產的投資者帶來信心保障，只要這種信心不受到削弱，地震對中國糧食供應和生豬供應的影響將非常有限。

銀河證券研究所分析師李鋒認為，地震災區面積小，交通運輸只是當地局部受限，全國物價上漲不會太明顯。

國務院發展研究中心產業經濟部副部長馮飛說：「災區交通短期內無法恢復，會造成當地物價短期波動，但不影響全國總的供給面，通膨壓力不會因此加劇。」

二〇〇八年五月末，農業部副部長危朝安表示，儘管地震導致災區農作物、基礎設施和農村勞動力損失嚴重，農業生產恢復難度大，但今年全國農業生產形勢仍然良好，對保障糧食、生豬等主要農產品的供給、保持農產品價格總體穩定「完全有信心」。

雖然汶川地震不會影響糧食安全問題，但一些海外機構發表評論說，中國的雪災和地震會使中國的糧價發生大的變化。二〇〇八年六月三日，中國農業部部長孫政在羅馬出席世界糧食安全高級別會議，他對外界的評論進行了回覆。他指出，冰凍雨雪災害和五月汶川大地震等自然災害並沒有影響到中國的糧食安全保障。地震對當地農業領域的損失，主要是田間作物和畜牧業。但受災地區農業，尤其是種植業，在全國所佔份額相當有限，因此不會改變今年全國農業生產的大局。

並且，當前中國糧食儲備充裕，主要農產品供應充足，這為保障糧食安全奠定了堅實的基礎。從長期來看，中國完全有能力立足國內生產實現糧食基本自給，並適當利用進出口調劑餘缺來保障糧食安全。而且，據預計，中國的夏季糧油的形勢很樂觀，若後期沒有特別大的災害，小麥單產可再創歷史紀錄。在雙重保障下，中國的糧食安全問題毋庸質疑。

國務院發展研究中心市場經濟研究所副所長程國強表示，綜合國內的情況來看，地震災難不會推高糧食價格和豬肉價格，自然，也不會增加中國因食品價格所推動的通膨壓力，市場不應該有任何恐慌心理。

他說，四川的震中地區是山區，不是產糧區。這次地震以後，不會影響對四川的糧食供應，因為沒有影響其他的交通大動脈，對物流沒有影響。當然，對災區會有一定的影響，但是政府採取了空投等很多辦法盡量解決。目前全國糧食市場非常穩定，市場預期較好。此外他還建議，應考慮提高糧食收購價，進一步提高農民種糧積極性。

鑒於近期全球糧食危機在各國間引起高度關注，甚至在一定範圍內還出現了恐慌。對此程國強表示，在今後十年內中國都不會發生糧荒。

他說，為了提高農民的產糧積極性，中央已經出臺了一系列強有力的政策措施，今年進一步加大對三農的投入力度，今年春節後還提高糧食最低收購價。程國強建議，應考慮進一步提高糧食收購價格。

「跟國際價格比較，我們的糧價還有一定上升空間。尤其是目前農資價格上漲較快，已經抵消了補貼和糧價上漲的好處，不利於調動農民種糧積極性。必須採取措施控制農資價格上漲，同時，提高糧食價格，可能是對農民最直接、最有效的信號。」程國強表示。

在回應最近一段時間以來認為應該把國內外的糧食價格直接掛鉤起來，讓農民直接按糧價的波動來調整種植面積的觀點時，程國強表示，這是一個悖論，他說：「我們現在的辦法是阻斷國際市場和國內市場的聯繫，如果要掛鉤起來的話，就要放開出口。如果糧食都賣出去的話，國內就沒糧食了，那麼糧價就會飛漲。糧價飛漲以後，農民從種糧到收穫有一個周期，這個周期中間怎麼辦？現在不得已為之就是要把國際的因素阻斷掉，用我們穩定的市場和政策刺激農民的積極性，這是沒有辦法的辦法。」

他認為，在提高糧價和國家調控之間獲得一個平衡，從而既能保證農民積極性又能使國內價格不要波動太大。

六、世界不是中國的可靠糧倉

二〇〇八年六月十八日，《國際先驅導報》在評論糧食危機時，說：「今年世界糧食危機，成因已近乎教科書式語言：發展中國家需求量增大、氣候變化與生物能源搶佔耕地造成產量減少、資本投機與美元貶值使糧價據高不下。但實際上，一整套『陽謀』卻被國際輿論忽略了。」

這套「陽謀」就是中國人民大學農業與發展學院副教授周立認為的「糧食帝國」的推手。周立說，「全球食品巨頭對糧食的壟斷性操控才是糧食危機的推手。在以美國為首的發達國家，食品巨頭形成了『糧食帝國』，控制了諸多發展中國家的政治與經濟。」

周立認為，糧食危機不過是糧食帝國擴張的結果，美國糧商與美國政府互相需要，當局將糧食視為戰略武器，糧商要靠政府撐腰，推行利於自身的貿易政策。因此，中國政府增加糧油儲備，提高抵禦災害的能力，是當前不容置疑的燃眉之急。

艱苦奮鬥，自力更生是中華民族的傳統美德。中國是一個擁有十三億人口的大國，眾多的人口決定中國必須依靠自己的力量來保證糧食供給和能源資源供給，完全依賴國際市場，必然導致生存和發展條件受制於人。

在糧食產量上，美國、澳大利亞、巴西等國居壟斷地位，僅美國一國，糧食年出口量所佔全球份額常年穩定在百分之三十五左右，其中小麥更高達百分之六十。美國是當今世界最大的糧食生產國、出口國和乙醇燃料生產國。美國現有耕地面積一．九億公頃，由於生產效率高，農產品過剩，長期採取部分土地休耕制度，一旦需要可很快復耕，且目前多數土地每年僅一熟，而其氣候條件完全可一年兩熟，可見國際「糧荒」和糧價上漲其實仍處在可控的局面，而控制手柄就掌握在美澳等國。尤其是美國手中，一旦它們決定增加糧食種植面積，或提高糧食戰略儲備量，危機就會緩解。美國掌握世界糧食市場的控制權，糧食進口國將受控於美國是國際市場糧食短缺造成的必然趨勢。美國每年都在不遺餘力地向印度推銷其農產品，而印度為了保護自身農業和農民的利益，拒絕大量進口美國的農產品，力圖實現糧食自給。控制和反控制的鬥爭始終在大國之間反覆較量。

周立認為，印度就是一個很好的反面教材，它在糧食生產上走的彎路，值得很多國家來吸取教訓。印度在過去很長時間裏一直維持糧食自給自足的狀態，但是自二〇〇五年開始，印度的糧食安全問題開始逐步顯現，糧食的產量也開始無法滿足國內人口的日常所需。在萬般無奈的情況下，印度政府於二〇〇六年七月首次從「小麥出口國」變成「小麥進口國」，進口了三百多萬噸小麥以緩解國內的糧食危機。二〇〇七年，印度又連續第二年從國際市場進口小麥。印度農業的衰落引起了政府的重視，印度農業委員會的一個官員說，辛格政府已經認識到糧食生產低迷「已經嚴重威脅到印度整個國民經濟的健康發展」、「糧食安全甚至比石油、天然氣等能源安全對印度普通百姓的生活更加重要」。

而在中國，國際四大糧商對大豆市場的壟斷，致使中國油價一路飆升，已經給我們的生活帶來顯著的影響。糧食安全像能源安全一樣，成為大國自身安全中最重要的一環。這是國家興亡的一個古老課題，在現代科學技術高度發展的今天卻依然存在。

糧食危機的到來，給中國敲響警鐘，世界不是中國的可靠糧倉，要保障糧食安全，中國就必須發展農業生產，增加糧食產量，做到自給自足。

華盛頓的地球政策研究所所長萊斯特·布朗把此輪糧食危機比喻成八億輛汽車與八億饑民間的「奪糧大戰」，聯合國食物權問題特別報告員讓·齊格勒說，全球糧食價格上漲正導致一場「無聲的大規模謀殺」。

「奪糧大戰」的主謀就是美國總統於二〇〇五年八月簽署的《能源政策法案》。在那個法案推動下，美國政府財政扶持生物能源成為美國新型產業。如今，美元貶值和石油價格飆升，使生物能源產業變得前途無量，一下子使最大的糧食出口國美國更加有底氣，也使人多地少、資源稀缺且重倉美元的中、日、印、韓等國，損失慘重。美國不費力氣就賴掉了數以萬億美元計算的債務。

自《能源政策法案》開始，世界格局就開始新一輪眼花繚亂的調整。生物能源強化了美國的糧食武器，而糧食武器比石油武器、美元武器更為強大。世界史上有十次糧食禁運，其中八次是美國幹的。更主要的是，美國對農業出口實施高額補貼政策，成功地摧毀眾多第三世界國家自給自足的糧食生產體系，讓這些國家的農民失業，讓這些國家的農業基因化、石油化、化學化和機械化，從而購買美國生產的種子、化肥、農藥、機械。

美國主導生物能源產業發展，將糧食危機推向高峰，糧價四個月內竟然上漲了百分之一百五十！二〇〇〇年聯合國首腦會議通過的「二〇一五年將世界赤貧率減少一半」的「千年發展目標」化作泡影。糧食危機來得如此突然和兇猛，以至於被世界糧食計畫署形容為一場「無聲的海嘯」！美國卻在他一手製造的糧食危機中坐收漁利，並且將非洲、菲律賓、朝鮮等一大批欠發達國家控制於手掌之中。

面對世界糧食危機，無論聯合國怎麼呼籲，世界怎麼譴責，美國都不會放棄生物能源，並且還會將世界糧食危機的責任推向印度和中國。美國人不放棄生物能源，還有更深的考慮——生物能源還是美國十年後轉身對付中東、俄羅斯等國的手段。所以，糧食武器將是美國的常規武器。

中日韓印等國家消耗資源以生產美國和歐洲需要的產品，不斷換回美元。但一方面美元不斷貶值，以蒸發中日韓印等國的貿易順差；另一方面，中日韓印等國不斷增加對石油等資源需求，美國主導石油等資源不斷漲價，以抵消中日韓印等國的發展優勢，美國使用美元和石油武器，將使中日韓印等資源貧乏且進口巨大的國家變成「蠟燭經濟」國家——燃燒自己照亮別人。

美國最希望日本和韓國淪為二流經濟國家，更不會讓中國、印度這樣的人口大國成為經濟強國。可以料想，美元貶值和石油漲價會繼續默許，直至消耗掉中日印韓等國的大部分外匯儲備。中國和日本應當看到，在蘇聯解體後，美國事實上已經把日本和中國視為潛在的對手。

在這場糧食戰爭中，中國也有一個潛在的應對「武器」，不讓美國成為世界糧食市場的掌舵人，就要把中國發展成為世界第一糧食出口大國。從而必須放棄外向依附型發展戰略，要依靠國內內需來拉動經濟發展。貿易順差不是越多越好，中國需要的是平等貿易和平衡貿易。過去，中國過於重視同美歐的貿易。實際上，東北亞、東南亞才是中國最優質的貿易夥伴，這些國家持有人民幣是不錯的選擇，同樣，中國持有這些國家的貨幣也是一個不錯的選擇。

七、不能輕言「中國糧食毫無隱憂」

近來，世界大多數糧倉突然之間均已告急，原糧食出口國亦開始紛紛出臺禁令或加大出口關稅，避免國內糧食外流，進口國更是擔心有錢也買不到糧。

糧食危機爆發後，糧食似乎已成為戰略物資被爭搶，二〇〇七年底，中國也終於加入這場戰爭，半個月時間內，政府連下三道禁令：對糧食及製粉取消百分之十三的出口退稅；對糧食和糧食製品加徵出口關稅；對糧食製粉實施出口配額管理許可證。

雖然中國採取了限制措施，但中國有關專家拿出國際上「糧食安全」的評價標準，以此標準來衡量中國糧食安全，最終得出結論，中國目前沒有糧食危機。

國際上「糧食安全」標準主要包括三個：一是國家糧食的自給率必須達到百分之九十五以上；二是年人均糧食達四百公斤以上；三是糧食儲備應達到本年度糧食消費的百分之十八，而百分之十四是警戒線。而中國完全符合這幾項標準。

從短期上看，中國糧食尚能自給自足，但隨著人口的逐漸增多，耕地的流失，以及農民種糧的積極性降低，中國糧食安全並不是毫無隱憂。

有經濟專家認為，中國糧食安全的最大問題在於隱患很多。一是糧食價格始終在低位徘徊，「穀賤傷農」一輪又一輪出現，廣大農民積極性受到嚴重挫傷。與國際市場最近大米價格飆升相反，國內大米價格還有所下降。據有關資料顯示，國際米價平均是中國國內的四倍。二是在糧食價格長期低迷時，二〇〇七年國內農業生產物資上漲百分之十八．五，鉀肥價格上漲了百分之七十一，今年以來，化肥價格更是一路飆升。三是在城市化大力推進、十八億畝耕地紅線難以保證的情況下，卻出現大量撂荒狀況。四是由於農村勞動力與進城務工收入差距太大，農村百分之八十的主要勞力都到城裏去打工了。

由此可見，中國糧食安全雖然沒有近憂，但不能說無遠慮。專家認為，中國糧食雖然達到國際「糧食安全」標準，但還必須結合國內的具體國情來談論糧食安全問題。中國人口眾多，佔世界人口的五分之一，養活十三億人口是第一位重要的事情，因此中國的糧食安全顯得比世界上任何國家都重要得多。這就決定了中國的糧食安全必須著眼於長遠和未來。同時，根據當前中國糧食產量和庫存量計算，達到了國際一般標準，但是，糧食的工業化用途，比如釀酒對糧食的需求、養殖業飼料對糧食的需求等，都沒有計算在內，不能完全講中國糧食沒有一點缺口。

此外，中國的通貨膨脹問題也很嚴峻。有分析人士認為，除全球糧價上漲原因外，還有全球工業化進程加劇以及中國製造業繁榮，大量農民進城務工，多年來農耕面積減退造成，更重要的是目前經濟出現通膨情況下，農產品種植成本上漲導致農民種糧積極性降低。而中國糧食問題主要源於貨幣流通過剩帶來的通膨，有專家預測，如不能在兩年內解決通膨問題，中國糧食危機或有爆發的可能。

世界銀行發布《東亞經濟半年報》時警告，全球的糧食和燃料價格上升，將要考驗二〇〇八年東亞的經濟。報告稱，區內短期要面對出口放緩和內需強勁增長的問題，首要的挑戰是通貨膨脹，其危險性較美國次貸的影響來得嚴重。以新加坡為例，全球的糧食和燃料價格上升已使通膨率升至二十六年新高，印度的通膨升至十四個月新高，香港和中國內地也升至十年高位。

北大經研中心教授宋國青表示，全球糧價上漲原因比較複雜，最主要是工業化生產擴張厲害，農業方面相對緊張，多年來，全球的糧食庫存早已很低，目前全球主要糧食作物的存需比已經降至二十年來最低。而中國糧食問題主要是通膨問題，如果貨幣穩定，中國糧食生產和儲備應該沒有多大問題，他認為實際上就是錢多造成了通膨，進而引起一系列問題。

而八年前最早提出糧食危機問題的上海紅實基金投資總監劉軍洛表示，中國或會在一兩年之內爆發糧食危機。他認為，中國目前糧食儲備和生產不夠自足，而最重要的還是中國糧食問題並不是糧食儲備問題，而是貨幣供應太猛烈，致使物價不斷上漲。因此，解決糧價問題關鍵是解決貨幣體系問題，目前關鍵是如何控制美元貶值和中國國內通膨。至於全球的糧食問題，沒有想像的大，因為其他國家的流動性問題沒有中國嚴重。

宋國青認為，目前中國尚不存在糧食危機，他說「短期內會有些問題，需要熬過一兩年，一兩年之內如果通膨起來了，糧價可能會有波動，如果通膨控制不住，糧價可能會出現大問題，就是大幅度上漲，所以最主要還是控制通膨」。他認為，如果現在把通膨預期穩定住，應該不會出現太大問題。

對於國家發改委再次提高糧食最低收購價格，宋國青認為，該舉措在短期內可能不利，即國家把糧價大幅提高，短期內會造成通膨水準整體較高，所以比較令人擔心，但是如果政府不提高收購價格，就收不到糧食，政府希望多收點糧食，一方面希望把價格穩住，但一方面又要照顧通膨的情況，因此比較矛盾。不過他認為，長期來看還是比較有利，可能會提高農民種糧積極性。

劉軍洛則認為，對農民的補貼政策和提高最低糧食收購價格，在當前通膨很高的情況下，對提高農民種糧積極性毫無作用，化肥、農藥等農產品成本上漲遠遠高於政府的補貼水準，單純提高收購價格，如不抑制通膨，沒有意義。

對於政府的補貼措施，宋國青亦指出，把糧食價格放開，才是對農民最大的補貼，才能最終提高農民的積極性，現在是政府把價格控制了，在控制價格基礎上談補貼，有些矛盾。北大經研中心教授盧峰亦表示，市場糧食價格上漲，政府不應該干預，當市場價上升，農民種糧積極性自然就會提高。但是政府又考慮到通膨等諸多因素，因此又必須進行干預，進行最低收購價格限定。

不過，盧峰認為，目前糧食安全沒有多大問題，糧食價格的波動令人擔憂，但糧食安全應該問題不大，原因是當前的情形與以前糧食絕對短缺和匱乏為長期特徵的糧食安全問題已經大不相同。

中國糧食安全雖然在近期沒有什麼問題，但對於通貨膨脹可能造成的遠慮必須要注意。專家認為，解決遠慮關鍵在於調整糧食價格，調動農民種糧積極性。國家除了加大對農業投入、補貼外，有必要下決心大幅提高糧食收購保護價。不讓糧食出口是正確的，但不能讓糧食價格與國際價格懸殊太大。須嚴格限制糧食的工業化使用。對耕地實行最為嚴厲的管理政策，確保十八億畝耕地這一紅線不被突破等。

八、食品浪費依然驚人

二〇〇八年七月七日，英國首相布朗在倫敦即將啟程前往日本出席八國集團首腦會議前發表講話說，糧食浪費也是推高糧價的因素之一。為了控制浪費現象，他呼籲英國民眾減少浪費，以應對當前的高糧價。

據英國政府公布的一份研究報告顯示，英國每年浪費的食品達四百一十萬噸，等於每個家庭每年要為此支付四百二十英鎊（一英鎊約合一．九九美元）。

糧食浪費現象並非只在英國出現，日本的浪費現象也很嚴重。日本農林省新成立的促進國內糧食消費部門負責人 Hiroyuki Suematsu 稱，日本糧食的浪費現象比較嚴重。日本農林省曾對個別城市的糧食浪費現象進行過調查，推算出日本普通家庭每年要扔掉剩餘飯菜大約三百四十萬噸。按一九九六年的統計數字，日本全國一年的食品純供應量為六千四百六十八萬噸。也就是說，其中有大約百分之五．二的食品被浪費掉了，比例相當驚人。

據悉，瑞典有子女的家庭也是不太惜福，購買的食物會丟棄四分之一。更令人難過的是，在非洲一些地區，糧食浪費的情況也相當嚴重，多達四分之一被糟蹋掉，原因是糧食保存技術落後、基礎設施欠缺、昆蟲為害、微生物污染以及高溫與潮濕導致糧食變質。

糧食浪費已經成為全球性的問題。同樣，中國的糧食浪費現象也讓人擔憂。根據調查顯示，中國糧食浪費現象主要表現在以下幾個方面：

一是收打時的浪費。隨著經濟的發展和人民生活水準的提高，過去那種「精打細收，顆粒歸倉」的觀念逐漸淡薄了。在收穫季節時農民為盡早外出打工，都是「搶收搶種」，沒有工夫去撿麥頭拾稻穗，特別是小麥用收割機收割、水稻雇人收打，浪費更是嚴重。據一百五十戶農民測算，僅收打時散失的糧食就有二千一百九十公斤，佔總產量的百分之〇．五十三。

二是貯藏浪費。老式貯糧法，使鼠害、蟲蛀、黴變等現象十分嚴重，一百五十戶農民僅此一項就浪費糧食三千二百六十五公斤，佔總產量的百分之〇．七十九。

三是加工浪費。農村加工麵粉，條件差，浪費嚴重，一百五十戶農民全年丟進磨眼裏的糧食就有二千六百四十五公斤，佔總產量的百分之〇．六十四。

四是原糧飼餵。農民習慣以原糧作飼料，餵雞成捧撒玉米，餵豬成筐倒紅薯。一百五十戶農民全年用原糧作飼料達四萬二千六百八十一公斤，其中造成浪費的六千一百五十九公斤，佔總產量的百分之一．四十九。

五是人為浪費。在中國，人為浪費糧食現象尤為嚴重。雖然每個人都懂得愛惜糧食是中華民族的傳統美德，然而，在我們的身邊每天都在發生許多浪費糧食的現象。

有資料表明，全國每年損耗和浪費糧食約佔年總產量的百分之五，這幾乎相當於中國每年的糧食進口量。糧食浪費現象還存在於糧食運輸環節中的「跑冒滴漏」，也存在於許多家庭飯桌，以及學校食堂上。

二〇〇七年四月十九日，《成都晚報》報導了這樣一則消息：「大學生拍攝食堂浪費糧食鏡頭被同學指責是變態」，報導中說，四川師範大學二十多個大一到大三的學生，拿著攝影機、數位相機，轉遍學校的四個食堂，耗時一個多星期，真實地記錄下一百多張近百名同學浪費糧食的鏡頭。他們本想借此喚醒同學們節約糧食的意識，沒有想到將部分照片掛到網站上時，遭到很多同學的指責。本想做一個照片「曝光臺」放在食堂外，結果也不得不流產。

一個拍攝照片的學生委屈地說，一天中午，他拿著相機在幾個食堂轉來轉去，專找浪費糧食的鏡頭。當他發現一個男生一邊吃，一邊將餐盤裏面的菜挑出來放到桌子上時，他走上前去，在離那男生一米多的地方拍照，沒有想到被那男生發現，狠狠地瞪了他一眼，並罵他神經病。

另一位拍照的女學生在勸說一個將很多飯菜準備倒掉的女生時，那位女生不但不領情，還對她說：「變態！我自己出的錢，倒掉跟你有什麼關係！」

他們本出於好意，結果卻招來指責，而那些浪費糧食的同學，也總能列出種種理由。有的說：現在生活水準提高了，倒點兒剩飯剩菜可以理解；有的說：我們這算什麼浪費，看電視上報紙上登的那些事兒，比我們浪費得多了！

令人擔憂的是，對於學生的浪費行為，有些家長不但不對其進行批評教育，反而給予支持，說：「只要孩子學習好就成了，浪費點兒糧食值什麼，我們家有的是錢！」

人們對浪費糧食的漠然態度令人心疼。二〇〇七年十月十六日是第二十七個世界糧食日，在那天，採訪的記者發現，愛面子不打包、飯店不給退主食、吃自助餐拿得太多，是飯店食客浪費糧食的重要原因。

「人人擁有食物權」是二〇〇七年世界糧食日的主題，其目的在於強調饑餓仍是當今人類生存面臨的主要威脅之一，呼籲人們珍惜糧食。然而，令人心寒的是，記者走訪了多家大、中、小型酒店和小餐館、速食店，結果發現，在世界糧食日裏，浪費糧食的問題並沒有多少改觀，許多人甚至根本不知道有這麼一個日子。

在一家大型酒店裏，記者發現客人們點的菜大都吃不完，打包帶走的也並不多。兩位在此請客的主人表示，只有和自己家人出來吃飯時才會偶然打包，請朋友、同事吃飯因為面子問題從來沒打過包。

並且，在採訪中記者了解到，飯店只退酒和飲料，對饅頭等主食並不給退，而且部分飯店對主食的多少介紹不清楚，也是造成浪費的原因之一。

許多自助餐館裏的浪費現象更加嚴重，在一家自助火鍋店，記者看到一些客人夾了很多肉菜放到自己的火鍋裏，但最後吃不了，剩在裏面就走了。當問及吃不了為什麼還要夾這麼多時，一位客人說：「我花了三十多塊錢啊，我得吃回來。」

火鍋店的經理透露，飯店曾經有過剩菜罰錢的規定，但是真正實施起來又擔心會影響生意，最終還是取消了。

一位餐館女服務員說，剛開始到餐館打工時，她很看不慣客人的大手大腳，還偷偷吃過客人剩下的飯菜。後來被餐館老闆發現了，受到明令禁止。時間久了，她也就習以為常了，看著倒掉的大桶大桶的糧食時不再心痛，而是已經麻木了。

這種觸目驚心的浪費糧食現象令人擔憂。有識之士指出，在解決中國糧食問題的思路中，糧食節約理應作為重要的一環；只要人人都珍惜我們手邊的糧食，消費得更趨合理一些，許多問題都會迎刃而解。

為了呼籲人們減少糧食浪費現象，二〇〇八年七月，國務院機關事務管理局和中共中央直屬機關事務管理局發出《關於做好中央和國家機關節約糧食反對食品浪費工作的通知》，要求中央和國家機關開展節約糧食、反對食品浪費工作。

通知要求，各部門、各單位要廣泛開展節約糧食、反對食品浪費宣傳教育。要通過舉辦講座、櫥窗展示等形式，廣泛宣傳當前國際市場糧食緊缺的嚴峻形勢、國家糧食政策和有關法律法規、勤儉節約的傳統美德、節約糧食和食品的先進經驗和典型事例，形成反對浪費糧食和食品的強大聲勢。各部門、各單位要把節約糧食、反對食品浪費作為建設節約型社會和節約型機關的重要內容，制定切實有效的措施，狠抓落實。

通知指出，要切實抓好機關食堂節約糧食工作。要加強糧食和其他副食品及原材料的採購、貯存和加工管理，防止腐爛變質。

通知強調，要進一步規範公務接待和會議用餐，認真落實《黨政機關國內公務接待管理規定》。公務接待一般不安排宴請，盡量在機關食堂或定點飯店按規定標準安排就餐，盡量減少陪餐人數，提倡自助餐，一律不准有超標準招待，不得用公款大吃大喝。

通知要求，各部門、各單位要教育引導幹部職工努力培養文明節約的飲食習慣，形成「節約糧食、人人有責」的良好風尚，促進全社會科學、文明、健康的飲食和消費風氣的形成。廣大幹部職工要合理安排家庭飲食，注意營養搭配，做到物盡其用。

雖然政府一直呼籲人們愛惜糧食，但結果仍不樂觀。業內人士指出，一方面來自陳舊的消費觀念。吃而不剩沒面子的心理在廣大市民中具有一定的代表性——請客的時候，主人一定要多點菜，以客人吃不了為原則，這樣才有臉面。而另一方面則來自人們節約意識的淡漠。

為此，一些專家建議，在引導民眾節約用糧，適度消費的同時，建立剛性的遏制「糧食浪費」的具體措施。例如，在南非，浪費水都要遭監禁，在歐美，浪費資源也是可能獲罪的行為。浪費不僅可恥，浪費也是一種犯罪。但我們直到目前，對於懲治浪費行為卻無法可依。

有人曾經算過這樣一筆帳，一公斤大米約有四萬粒，中國十三億人口如果每人每天節約一粒米，全國每天就可以節約三萬二千五百公斤大米，每年大約可以節約一千二百萬公斤，可以養活三萬五千人，相當於開發良田一萬二千畝。

有關專家說，中國人均佔有耕地面積僅為一．四一畝，不到世界人均耕地面積的二分之一，人均佔有糧食僅為三百六十多公斤，遠低於發達國家的水準。如果再大肆浪費糧食，糧食安全問題就會日趨嚴峻。杜絕糧食浪費現象已經為每個人敲響了警鐘。

九、哪條路才是保障中國糧食安全的金光大道

二〇〇八年四月十四日，中國經濟學家林毅夫表示，在次貸危機的衝擊下，中國也不可避免地受到輕微的影響。但由於中國的糧食基本上自給自足，所以近來廣受討論的全球糧食危機對中國影響不大。

在全球糧價不斷攀升時，世銀曾估計，全世界有三十三個國家因為食品與能源價格高漲而面臨可能的社會不安定。國際貨幣基金總裁史特勞斯卡恩四月十三日也提到，若食物通膨持續以目前的速度增加，將產生駭人的後果，許多人會挨餓，將導致社會與經濟環境動盪。

而林毅夫認為，全球經濟都將受到這次經濟減速的影響，中國也不例外，但估計會較為輕微。他對中國經濟作出預測說，由於中國畢竟已連續五年經濟成長超過了百分之十，因此，中國經濟二〇〇八年雖不至於維持兩位數的成長，但也應超過百分之九。

與林毅夫認為中國糧食能夠自給自足觀點相反的是，瑞士聯合銀行集團經濟學家在最新報告中指出，雖然中國近幾年的糧食儲備比較穩定，但相比二〇〇〇年已經大幅減少。考慮到中國地少人多和城鎮化、工業化不斷提速等現實情況，提升糧食產量的空間已經不大。對中國來說，提升糧食產量的做法也不夠經濟。報告認為，中國應該在未來逐漸增加糧食的進口，慢慢放棄對主要糧食自給自足的政策。

作為擁有十三億人口的大國，採取什麼樣的糧食安全政策對中國顯得尤為重要。改革開放以來，由於中國進出口貿易量的不斷增長，糧食進出口數量也逐漸增加，正因為這樣，中國長期實行的糧食自給自足政策，近年來受到不少人的質疑。國內一位著名的經濟學家就認為，中國糧食安全問題沒有一些人想像中的那麼大。首先，也是最重要的一點是，只要市場在，就不愁買不到糧食。其次，事實證明，從全球範圍內看，糧食問題並不是供給不足，而是生產過剩。個人的糧食安全依靠市場，國家的糧食安全同樣也依靠市場。

一些人提出通過市場來解決中國人的吃飯問題，這不僅是對自給自足政策的質疑，而且是對國家安全糧食戰略的否定。他們的理論依據是，糧食自給自足政策從根本上否定了通過貿易管道來部分或全部解決國內糧食供給的可能性，而不管中國的農業資源稟賦條件是否具備滿足糧食自給的經濟可能性，也不管這種自給自足政策會在多大程度上造成農業部門整體效率的損失。自給自足政策的缺陷，是在過分強調或誇大安全目標重要性的同時，忽視甚至否定效率目標對農業和糧食貿易政策的影響。

然而，國內經濟理論界和政府部門的觀點則是，對於像中國這樣的人口大國來說，應奉行糧食自給自足政策，如果不能實現自給自足，僅靠在國際市場上採購，中國人就有可能挨餓。當前國際糧食市場的動盪和糧價的高企，更加肯定了中國糧食安全戰略及堅持糧食自給自足政策的正確性。

無論從國際市場的變動來看，還是從中國的國情來說，純粹市場化供給的考慮並不現實。因此，為應對國際市場整體缺糧的狀況，中國需要保持國內自給自足的糧食供應局面。

然而二〇〇八年最新的調查研究顯示，今年中國產糧區的糧食作物播種面積有所下降，預計播種面積較二〇〇七年實際面積減少超過一個百分點，加之雪災影響（雪災造成農作物受災面積一・七七億畝，絕收二千五百三十畝），這讓糧食供給出現風險。而食品類價格在中國 CPI 權重中佔比三分之一，若糧食價格加大幅度上漲，無疑會加大通膨惡化的態勢。

即使拋棄暴風雪的短期影響因素，中國經濟高速發展所帶來的大量佔用土地、耕地問題也將從長期上導致糧食減產。而在供給減小的情況下，受國際糧食價格高漲的驅動，二〇〇七年以來部分糧食商品出口卻增長迅猛，二〇〇七年中國糧食的總出口量九百九十一萬噸，進口不到一百六十萬噸。在這種局勢下，中國糧食安全就會受到影響。因此，從某種意義上說，中國在保障糧食自給自足方面還有很長的路要走。

中國奉行的自給自足政策不僅在國內遭到一些經濟人士的質疑，在國際上，也遭到抨擊。二〇〇八年五月十六日，《金融時報》引述美國與聯合國農業官員的觀點稱，「糧食危機會帶來不受歡迎的後果——糧食保護主義」。美國駐聯合國糧農組織代表加蒂・瓦斯凱茲說：「通過全球市場形成的糧食相互依賴是好事情。而發展中國家追求糧食自給自足，將會抑制國際糧食貿易。」糧農組織助理總幹事何塞・桑蒲賽稱，一些發展中國家現在傾向於回歸農業的自給自足型，他擔心自給自足與保護主義往往相伴而行。

糧食危機爆發後，關於「糧食安全」和「糧食國際貿易」的討論由來已久。國際糧食政策研究所所長、糧食經濟學家約阿希姆・馮・布勞恩認為，假設當各個國家的糧食自給自足率均達到百分之一百後，其極端結果就是世界糧食貿易量為零。他說：「在全球爆發糧食危機時，各國都想關上門，用自己的糧食養活自己的人民。但現實是，在全球化的糧食和食品生產鏈中，分工是十分明細的，各國都不足以完全滿足國內的食品需求。」

布勞恩舉例說，美國人需要南美洲國家的可可豆，而中國人需要美國的大豆，全世界很多地方的人們要吃泰國米……當來往於世界各地的船舶再不運送一粒糧食，那麼世界上的很多國家就會被迫選擇讓「不合適的人」，在「不合適的地方」種植「不合適的作物」。但有些國家不太可能種出泰國香米來滿足國內需求。其結果就是，自己國家的優勢沒有發揮出來，反倒用劣勢去做一件吃力不討好的事。這是一個樸素而簡單的經濟原理，而國際貿易正是基於這種理論發展起來的。

中國人民大學農業與農村發展學院副教授周立認為，如果一國特別是大國，不能通過自力更生掌握糧食主動權，就可能淪為西方國家的附庸，他說，糧食是比石油貿易更為強大的政治武器。他舉例說，美國就通過「補貼農業」，培養「巨無霸農業集團」，以糧食作為武器控制他國。一九四九年新中國成立時，美國等西方國家隨即就對中國實行包括糧食在內的全面封鎖和商品禁運；一九六五年～一九六七年，美國對印度採取限制出口糧食的政策，最終迫使印度改變其反對美國入侵越南的外交政策；一九八〇年～一九八一年，蘇聯入侵阿富汗，美國對其實行穀物禁運。諸多事例說明，一國可以進口泰國香米豐富餐桌，但如果在糧食上進而在經濟上完全依附於某個國家，往往會招來厄運，因此，周立認為，無論什麼時候，中國政府都要牢牢抓住發展的主動權，實現糧食自給自足。

英國《經濟學人》發表評論說，當全世界都在為糧食緊缺的前景和不斷攀升的糧價犯愁時，中國似乎無須為糧食憂心。這也是中國的供需平衡和糧價反映出政府力求實現糧食自給的戰略政策目標得到展現。的確，近幾個月來，由於國際糧價持續高企，為確保國內糧食供應以及抑制糧食出口，政府在短時間內連續推出一系列宏調措施平抑糧價，有效地保證了中國糧食價格的穩定。

從近期國際糧食市場短缺引發的動盪，以及各國政府的反應來看，中國不可能也不會把糧食安全寄託於動盪的國際市場。因為中國以世界上百分之七的耕地承擔著養活世界上百分之二十二的人口的重任，人多地少的國情使得糧食安全問題一直困擾著中國。

當然，中國自給自足的糧食安全戰略，並不排斥中國利用國際糧食市場來強化糧食安全。現在，中國經濟增長的勢頭和人民幣匯率升值因素，都為中國參與國際糧食市場提供了較好的背景和工具。而作為世貿組織的成員國，中國並不反對通過世界糧食貿易自由化的方式來解決糧食問題，但中國人民如果吃飯主要依賴國外，必將受制於人，因為糧食安全關係國家安全，通過實施糧食自給自足的政策，基本實現國內供需平衡，才能保證我們在風雲變幻的國際糧食市場上始終處於主動地位。

十、食品漲價推高中國CPI

二〇〇七年七月十九日，國家統計局新聞發言人、國民經濟綜合統計司司長李曉超介紹二〇〇七年上半年國民經濟運行情況時說，食品價格上漲帶動居民消費價格指數（CPI）上漲。

他說，二〇〇七年上半年，居民消費價格指數上漲百分之三．二，其中食品價格帶動了二．五個百分點。在食品價格中，二〇〇七年上半年糧食價格同比上漲百分之六．四，肉禽及其製品上漲百分之二十．七，蛋價格上漲百分之二十七．九，水產品價格上漲百分之三．七，鮮菜價格下降百分之二．九，鮮果同樣也下降百分之二．九。從這些統計資料中不難看出，在食品價格的上漲中，主要還是集中在糧食、肉禽及其製品和蛋價格的上漲。

在中國的 CPI 商品構成和權重中，食品類商品權重佔百分之三十三．六，故決定著 CPI 運行的基本趨勢。從目前影響中國物價上漲的諸多因素分析，食品價格上漲始終是推動 CPI 攀升的主要動力和原因。

據悉，在二〇〇三年六月至二〇〇四年九月的 CPI 上漲中，糧食價格上漲引發的食品價格上漲是推動CPI漲幅上揚的主要原因。二〇〇四年九月，CPI 累計上漲百分之四．一，食品價格上漲百分之十．九，其中糧食價格上漲百分之二十八．四。

在二〇〇七年，食品價格又繼續充當 CPI 加速上漲的主力。但這次食品價格上漲除了有糧食漲價的因素外，更多的是受肉、蛋價格的推動。

二〇〇六年十一月，中國糧價再次出現突然上漲，漲幅由二〇〇六年十月的百分之三．七，迅速擴大到二〇〇七年一月份的百分之六．九。此次糧食漲價發生在二〇〇四～二〇〇六年中國糧食生產連續三年增產和庫存充足的背景下。在中國政府對糧食市場加強調控後，糧價自二〇〇七年二月份開始回落。但隨之豬肉價格又開始活躍起來，豬肉價格的上漲不僅帶動了其他肉類價格上漲，還帶動了鮮蛋、油脂等相關食品價格的上漲。二〇〇七年七月份，食品類價格同比上漲百分之十五．四，漲幅比二〇〇六年同期高十四．八個百分點。

總觀這兩次物價上漲，它們有一個共同點，即農村 CPI 漲幅均高於同期城市漲幅。二〇〇三年四月～二〇〇四年十月，農村 CPI 漲幅連續十八個月超過城市，且漲幅差距在拉大。受政府調控影響，伴隨 CPI 漲幅回落，二〇〇四年十月份起，農村與城市 CPI 漲幅均開始下降，且農村漲幅下降快於城市。自二〇〇五年底開始，農村 CPI 漲幅再次開始低於同期城市漲幅。

二〇〇六年底以來，在當前這一輪 CPI 持續上漲過程中，農村 CPI 漲幅再次超過同期城市漲幅。二〇〇七年七月份，城市 CPI 上漲百分之五．三，農村 CPI 價格上漲百分之六．三。農村 CPI 漲幅高於同期城市漲幅說明，在兩次物價上漲過程中，農村居民受到的衝擊和影響要大於城市居民。農村居民消費價格的過快上漲，不僅會抵消近年來國家為增加農民收入所採取的各項調控措施的實際效果，也會抵消農副產品漲價給農民帶來的增收效果。

研究者發現，當前的這一輪 CPI 上漲帶有明顯國際背景。中國國內糧價上漲在一定程度上受到國際市場的影響。

全球糧價上漲既有需求增加的原因，也有供給減少的因素。隨著全球經濟發展，消費者收入增加，對食品的需求增加。除正常的食品需求外，近年來，由於原油價格高漲，導致美國等國家大規模開發生物能源，從而對玉米、大豆等糧食需求量大幅增加，拉動國際市場糧價大幅上漲。在國際糧食需求快速增長的同時，全球氣候變暖引起的乾旱、洪澇、農作物和家畜疫病增加在減少著糧食產量，也影響著食品供給。正是供求兩方面的衝擊造成國際糧價的快速上漲，進而帶動中國國內糧價上升。

食物價格上漲後，一些專家紛紛發表觀點，認為中國的通貨膨脹壓力可能會更加嚴重，擔憂CPI加速上漲勢頭得不到有效控制。

專家認為，當前的CPI上漲是前期受抑制的通貨膨脹壓力再次釋放的結果。在對二〇〇三年～二〇〇四年CPI上漲的控制中，政府對調價項目的干預和控制起了關鍵的作用。二〇〇四年四月底，國家發改委發布「關於嚴格控制出臺漲價項目的通知」，提出嚴格控制地方政府出臺漲價項目的「兩條控制線」政策（即：當CPI漲幅月環比超過（含達到）百分之一或者同比累計上個月超過或達到百分之四時，應暫停出臺政府提價項目三個月）。在政府控制下，CPI漲幅自二〇〇四年十月份開始不斷回落。

儘管前一輪物價上漲及時得到控制，但在經濟運行中始終存在著隱蔽的通貨膨脹壓力。在政府「兩條控制線」的行政干預、強力控制之下，通膨壓力的釋放得到了控制，但通膨壓力並未從根本上消除。隨著CPI上漲初步得到控制，同時為及時疏導各地積累的價格矛盾，國家發改委於二〇〇五年七月又宣布暫停執行「兩條控制線」政策。自二〇〇五年下半年解除「兩條控制線」政策後，潛在通貨膨脹壓力再次釋放，CPI在經過一年多的慣性盤整後，於二〇〇六年底再次步入上升通道。

在最近兩次CPI持續上漲中，糧價是引發通貨膨脹的主因。儘管短期糧食價格上漲得到控制，但從長期來看，糧食價格仍面臨較大的漲價壓力。需要看到，影響糧價屢次上漲的關鍵原因是中國城市化的推進造成耕地面積持續減少及農民的種糧積極性不高，從而抑制了糧食的供給能力。與此同時，隨著城鎮低收入群體和農村居民收入水準的逐步提高，中國的糧食需求水準卻呈剛性增長。

此外，糧食、肉禽蛋等農產品的需求將受到農村及城鎮中低收入居民收入增長的持續拉動。自二〇〇七年以來農村居民的消費價格漲幅持續高於城市居民。作為低端消費者，城鎮中低收入群體和農民在收入提高後將增加對糧食、肉禽蛋類等消費量，這將對糧食、肉禽蛋等農產品價格的上漲產生持續的拉動作用。

並且，居民收入增加、消費穩中有升，需求對CPI上漲的拉動力在增強。二〇〇七年上半年，城鄉居民收入出現多年少有的快速增長態勢，城鎮居民人均可支配收入實際增長百分之十四．二，增幅高於上年同期四個百分點；農民人均現金收入實際增長百分之十三．三，增速高於上年同期一．四個百分點，高於一季度一．二個百分點。城鄉居民收入的快速增長拉動居民消費增長加快。

而按照預期通貨膨脹理論，無論是什麼原因引起的通貨膨脹，即使最初引起的通貨膨脹的原因消除了，它也會由於人們的預期而持續，甚至加劇。央行二〇〇七年第二季全國城鎮儲戶問卷調查顯示，居民對下季度物價預期仍不樂觀，有超過半數（百分之五十．二）的被調查者預計物價趨升，佔比超上季度五．九個百分點，與百分之五十．八的歷史最高值僅差〇．六個百分點。

而且貨幣投放過快使潛在的通膨壓力在加大。弗里德曼曾說過「通貨膨脹在任何時候任何地方都是一種貨幣現象」，其含義是說通貨膨脹的機理和傳導機制可能是多種多樣的，但通貨膨脹的直接原因只有一個，即貨幣供應量過大。二〇〇六年以來，與即期需求密切相關的狹義貨幣供應量（M1）增速不斷加快，為總體物價水準的上升提供了寬裕的貨幣環境，從而帶來通貨膨脹壓力。二〇〇七年七月末，M1 同比增長百分之二十．九四，增幅比上年末高三．四六個百分點，比去年同期高五．六個百分點。

儘管二〇〇七年上半年以來 CPI 漲幅持續突破百分之三的警戒線，但仍保持在溫和通膨的上限百分之五附近。對比二〇〇四年六～九月連續四月 CPI 漲幅突破百分之五的情況，目前 CPI 上漲壓力仍不算嚴峻，仍處於可控範圍之內。當 CPI 再次出現加速上漲時，政府仍然可能出臺「兩條控制線」等政策來對過快上漲的物價水準加以控制。

十一、警惕「日本症候群」

全球糧價的上漲，不僅給人們的生活帶來嚴重的困擾，也對發展中國家的經濟造成影響。很多人擔心地認為，糧價的狂漲將打亂甚至終結包括中國在內的亞洲新興國家的工業化進程。不管這種結論是否聳人聽聞，但如何保障十三億人的糧食供應以及如何確保糧價穩定等這些問題，中國不能有絲毫的忽視。

早在糧食危機爆發前，美國著名生態經濟學家萊斯特·布朗曾以「日本症候群」來形容那些在工業化起步初期人口已呈過密狀態的國家。他認為，由於農業用地轉用於其他用途，穀物被水果等其他高附加值產品的生產代替，農業勞動者大量流入城市等原因，這些國家的農產品的產量將迅速下降。布朗認為，「日本症候群」在臺灣、韓國等工業化地區已經得到驗證。他還預測說，印度、印尼、孟加拉、巴基斯坦、埃及、墨西哥等國的糧食進口今後也將大幅增加，而中國也無法迴避「日本症候群」的命運。

近年來，工業化進程的加大使一些國家忽視農業的發展，糧食供應緊張的局面就是因為一些國家盲目追求經濟效益快速發展、重工輕農的結果。在中國，許多當地政府領導的執政思想都是以發展工業為先，他們認為，只有發展工業，才能帶動經濟的發展。在政府「重工」的提倡下，農民種糧的積極性下降，最後許多農民紛紛離開土地，從而致使中國可耕地面積大幅度減少。耕地面積減少，就會對糧食安全問題產生障礙。

糧食危機爆發後，布朗的預言應驗了，糧食短缺成為令許多國家頭痛的問題。甚至有一些國家因為糧食供應緊張而發生了暴亂。這時，這些國家才意識到農業的重要性。而在這場糧食危機中，日本卻似乎並沒有過深地受到所謂「日本症候」的困擾。面對糧價的上漲，日本消費者表現得比較平靜，市場上也沒有出現搶購的現象。不可否認，這和日本經濟發展水準高、居民承受能力強有密切聯繫，但我們也應該看到，在克服「日本病」的過程中，日本的很多做法值得我們借鑒。

總體來講，日本糧食自給率為百分之四十，但日本人的主食大米，自給率仍保持百分之一百，這無疑是日本穩定市場的最大定心丸，日本首相鼓勵國民多吃大米，以此來解決其他糧食種類的缺短問題。在全球化時代，日本人考慮更多的是怎樣保障本國主食的穩定供應。日本的大米可以自給，而去年上漲與今年這輪漲價的食品，又均非日本人主食，這就減弱了糧價上漲的衝擊力。另外一個原因是，日本人的飲食結構越來越多樣化。例如，日本人每餐雖然分量不是很多，但種類不少。這種飲食結構顯然有益於減少對特定食品的依賴，緩解糧價上漲的衝擊。

另外，日本政府一直重視食品的穩定供給問題。早在二十世紀九○年代，當日本出現農村年輕人口流入城市、山區農地被放棄等問題時，政府就及時採取措施，在九○年代後期制定《食品農業農村基本法》，重點目標就是「保障食品的穩定供給」。這部法律將保護重點向中堅農戶傾斜，並提出打破保守的單一經營，促進農業與食品產業合作，促進農產品、食品出口。從高速增長時代開始，為了應對勞動力價格上漲的局面，日本實施精品農業、一村一品運動、農業產品品牌化運動。

而在糧食危機爆發後，日本首相福田康夫要求農林水產大臣若林正俊採取切實措施，一定要保證將糧食自給率在二〇一五年提高至百分之五十以上。據悉，二〇〇六年底的資料顯示，日本的糧食自給率僅為百分之三十九，十三年來首次跌破了百分之四十。

為了提高糧食的自給率，日本原本打算在二〇一五年將糧食自給率提高至百分之四十五。但由於國際市場糧價高企，作為應對策略之一，二〇〇八年七月二日，農林水產省向內閣提交的新計畫書，將自給率目標上調至百分之五十。從這當中不難看出日本政府加強自身農業生產的決心。

對於日本的作法，中國有些學者認為，日本政府對農業投入過大，中國無法學習，中國學習的目標應是北美、歐洲工業化國家的大農業。的確，那些工業化國家的百分之一百的糧食自給率令人羨慕，但是中國的現實情況無法與那些國家相比。那些國家大多擁有優越的自然環境，或人口相對較少，而中國卻是土地資源有限、人口密集。因此，中國只能以與情況相似的日本相比。

雖然在近三十年中，中國在工業化進程中一直保持高速發展的勢頭，積累了一定的財力，已經有能力以工業反哺農業了。但我們可以通過提高糧食收購價格，增加對農業的投入，加強農業科研的投入，提高農業從業人員的素質來提升農業的生產水準。

從世界糧食市場的現狀看，當前一段時間價格壓力的確嚴峻，但從中長期看，糧食供應仍有增產的餘地，關鍵要看我們能不能找到增產的方式。在這一方面，日本的經驗同樣值得中國借鑒。

長期以來，在國際市場的原材料價格上漲時，日本人不是首先去想如何化解上漲的衝擊，而是首先在企業內部挖掘潛力，盡量降低其他成本，以保持終端產品價格不變或少變。這種對內尋找增產方式的做法，對中國進一步提高糧食的產出率有著一定的啟示意義。不少農業專家也談到，中國可以提高水與肥料的利用率，同時杜絕收穫、庫存過程中的浪費。此外，許多研究還表明，中國在集約農業、提高單產以及雙季種植方面也有相當大的潛力。

儘管中國目前已經解決了十三億人口的吃飯問題，但我們必須清醒地認識到，中國糧食供應的現實仍然嚴峻，中國農業面臨著巨大的挑戰。今後，如何像日本那樣，突破東亞工業化國家面臨的糧食供應瓶頸，始終是我們不能忽視的問題。

由此次糧食漲價、糧食供需將長期偏緊的問題來看，儘管中央政府非常關心老百姓的生計問題，並為平抑價格做了許多工作，但政府不能作為頭疼醫頭。政府不是救火隊員，不要石油短缺才知道石油問題，房地產狂漲才知道房價問題，糧食短缺才知道糧食問題，國家對民眾的衣食住行基本需求應該有戰略性的方針政策。

十二、做好準備迎接中國農業新革命的到來

世界糧食危機向各國家敲響警鐘，發展農業生產，提高糧食產量，增強糧食儲備工作不容忽視，也是保障糧食安全的必要途徑。

二〇〇八年六月三日，在羅馬召開的全球農業峰會上，聯合國秘書長潘基文說，現在正面臨著復興農業的歷史良機。會議指出，世界各國的農業政策存在諸多偏差；在過去長達數十年間，農業投資低迷，農業生產率提高陷入停滯。這也是世界糧食危機爆發的推動力量，重工輕農的措施，使農業生產走向衰退，糧食短缺問題嚴重。

糧食峰會上，一位農業研究員指出，雖然糧食關係國家穩定，但農業長期以來只是作為工業的「附屬品」。當前的糧食危機雖然一方面使得各國經濟尤其是發展中國家面臨著嚴峻考驗，但是卻也促使各國反思長期以來的農業政策。很多發展中國家連續多年經濟長足增長，但是由於糧食進口比例大，在這次糧食危機中難逃厄運。如果糧食和農業得不到安全保障，經濟將難以長期發展。

同樣，在中國也一直存在著「重工輕農」的思想，透過世界糧食危機，中國應該警醒：在開放和全球化體系下仍要不斷提高糧食自給自足的能力，注意糧食安全問題。

令中國人欣慰的是，糧食危機後，中國政府已經開始轉變「重工輕農」的思想，採取了積極的措施鼓勵農民生產。例如，農學院的大學畢業生高就業率就能很好地說明這個問題。

在二〇〇八年，當全球鬧糧荒的時候，中國的農學畢業生也變得日益搶手。據南京農業大學農學院院長丁豔鋒教授向《第一財經日報》介紹：「根據我們的統計，二〇〇二～二〇〇七年，我們農學院畢業生的就業率一直在百分之九十二以上，二〇〇五～二〇〇七年，就業率達到了百分之九十五以上。超過百分之六十的農學畢業生在涉農單位工作，包括種子公司、農科院、農科所、農技推廣站、農藥公司等。」

丁豔鋒認為，社會對農學學生的需求量逐漸增加，原因在於：一是還歷史欠債，社會長時間不重視農業，很多農口單位長期只出不進，老人退休了卻不補充新人，欠下了大量的歷史舊賬；二是農業在任何地區都是不可或缺的一塊，只要農業繼續存在，就會有農民存在，對農業技術的需求也就存在。

丁豔鋒說：「來我們學院招聘的單位主要來自江蘇和浙江，現在江蘇省的農口單位對農學畢業生的需求在五千人左右，浙江的需求量也差不多，我們農學院今年只有一百三十一名畢業生，有些用人單位來得晚了一點，已經無人可招。」

這則報導說明，中國政府開始重視農業生產。但就目前來說，中國農業科技推廣的前景還是不容樂觀。

據《第一財經日報》報導，一位中國工程院院士表示：「同樣一塊田，普通農民和具有專門知識的農業科技人員來種，效果差別很大。我們的糧食年總產量總是在四億～五億噸之間徘徊，歸根結底還是農民的科技素養沒有得到有效提高。」他說：「以水稻為例，國內當前的平均畝產水準在四百～五百公斤左右，南京農業大學的試驗田水稻畝產量已經超過一千二百公斤，逼近一千三百公斤，是一般水準的三倍。如果推廣農業科技化，中國的糧食年產量至少翻一番是沒問題的。」

中國農田的產量之所以低，是因為農民的專業素質低下，而且大量青壯年勞動力到城市打工，留在農村的大多是老弱婦孺，他們的農業科技知識更是少得可憐。

留守在農村的老弱婦孺對農業技術和農業人才沒有多少需求，青壯年勞動力外出打工，種地好壞也就顯得無關緊要；同樣在家庭聯產承包責任制的框架裏，一家一戶分散經營的模式也不需要多少農業技術。

中國工程院院士說：「只有規模化經營才會刺激對農業技術的需求。因為品質穩定、具有一致性的農業產品只有規模化經營才能提供，而且規模化經營會追求最大程度的利潤，這樣就會產生對農業技術的需求，農業技術創新和技術推廣成為必需，自然也就會拉動對農業人才的需求，也就會有越來越多的工作崗位提供給農學畢業生。」

從邏輯上講，這是一個發展農業生產的好方法，但如何將現有制度框架下的小農戶經營模式過渡到規模化經營是我們必須面臨的問題。既然小農戶生產模式提供四億~五億噸糧食，那麼刺激農業更多產出的動力何在？現有農資價格瘋漲情況下，目前的糧價何以保證農業經營者有一定的利潤？

因此，在現階段來說，只要糧價不大幅上漲，農業經營沒有高利潤，相關變化就不會出現。事實上，中國的現實情況是，聯產承包三十年來，中國農業的經營模式一直比較穩定，農場規模化經營方式一直沒有出現。當然，追其原因，這和農業領域利潤微薄，政府管制太多有關係。

但現在糧食供需形勢發生了巨大的變化。首先是由於新興國家人均收入大幅提高，人口食品結構轉變，導致對農產品需求大幅增長。而供給方面卻由於農產品價格長期走高，導致農業領域投入長期不足，結果庫存和耕地以及勞動力投入連年縮減，農業生產能力增長有限。因此，供需缺口增大是近年來全球農產品價格進入牛市的根源。而農產品新的供需均衡需要很長時間才能達成，可能在十年以上，也就是說農產品價格將不斷持續上揚，是長周期事件，不可能指望短期下調。另一方面農業潛在生產力足夠強大，潛在產能足以滿足人們所需。就像上述專家所言，如果投入足夠多，中國糧食生產翻番根本不成問題。

但問題就出在投入不足上。怎麼樣才能讓資本、技術和勞動力大規模投入農業？政府連年財政支農，也未見農業生產形勢有所好轉。但這邊農產品價格一上漲，那邊農學院學生就業就不成問題。所以，核心還是在價格上。值得注意的是，在國際糧食市場價格大漲時，國內糧價被人為控制在低位，而且農業領域的資源還在「逆向」流動，這無論如何是不正常的。

因此，一旦農產品價格飆升，有望看見資本和勞動力大舉流入農業領域的現象發生。價格不漲，說明糧食供需均衡，那就說明目前的小農戶生產模式足以提供中國人民所需的糧食，存在的一切都是合理的。只有價格飆升顯示供需矛盾極其尖銳，農業領域相關政策和制度安排才會有大的轉變。而這往往是新一輪生產力大爆發的開始。以前政府對農業領域干預過多，農地產權不明晰，耕地流轉制度不健全，造成農業投資前景不明朗，資本不肯進入農業生產領域。現在農產品價格暴漲，農業經營有超額利潤存在，這時我們才會看到各方有足夠的動力改革現有農業政策制度，釋放出農業巨大的潛在生產力。

透過分析鏈條，我們可以得知，如果不久的將來，中國國內糧價大幅飆升，糧食危機爆發，我們心裏對此要有所準備：這固然是「危」，但更多是「機」。中國農業潛在生產力巨大，只等相關制度政策發生根本變革，而這個變革只會發生在巨大的危機出現之後。因此，有關專家預測說，中國的農業新革命即將到來，但新革命在出現糧食危機之後。

國家圖書館出版品預行編目資料

新糧食戰爭／唐風編著. -- 一版. -- 臺北市：
大地, 2009.04
面：　公分. --（大地叢書：26）

ISBN 978-986-6451-02-7（平裝）

1. 國際糧食問題

431.9　　98004838

新糧食戰爭

大地叢書 026

作　　者　唐風
創 辦 人　姚宜瑛
發 行 人　吳錫清
主　　編　陳玟玟
出 版 者　大地出版社
社　　址　114台北市內湖區瑞光路358巷38弄36號4樓之2
劃撥帳號　50031946（戶名　大地出版社有限公司）
電　　話　02-26277749
傳　　真　02-26270895
E - mail　vastplai@ms45.hinet.net
網　　址　www.vasplain.com.tw
美術設計　普林特斯資訊股份有限公司
印 刷 者　普林特斯資訊股份有限公司
一版一刷　2009年4月

定　　價：280元

Printed in Taiwan